中等职业学校机械类专业通用

技工院校机械类专业通用（中级技能层级）

# 机械制造工艺基础（少学时）（第三版）习题册

崔兆华　主编

中国劳动社会保障出版社

## 简介

本习题册是中等职业学校机械类专业通用教材 / 技工院校机械类专业通用教材（中级技能层级）《机械制造工艺基础（少学时）（第三版）》的配套用书。本习题册紧扣教学要求，按照教材章节顺序编排，知识点分布均衡，题型丰富多样，难易配置适当，有助于学生复习巩固所学知识。

本习题册由崔兆华任主编，邵明玲、逯伟、崔人凤参加编写，邵士峰任主审。

**图书在版编目（CIP）数据**

机械制造工艺基础（少学时）（第三版）习题册：中等职业学校机械类专业通用：技工院校机械类专业通用：中级技能层级 / 崔兆华主编. -- 北京：中国劳动社会保障出版社，2025. -- ISBN 978-7-5167-7072-6

Ⅰ. TH16-44

中国国家版本馆 CIP 数据核字第 20255N0L53 号

**中国劳动社会保障出版社出版发行**

（北京市惠新东街 1 号　邮政编码：100029）

*

北京鑫海金澳胶印有限公司印刷装订　　新华书店经销

787 毫米 ×1092 毫米　16 开本　8.25 印张　189 千字

2025 年 4 月第 1 版　　2025 年 4 月第 1 次印刷

**定价：17.00 元**

营销中心电话：400-606-6496

出版社网址：https://www.class.com.cn

https://jg.class.com.cn

# 目　录

# 绪　论

## 一、填空题（将正确答案填写在横线上）

1．机械制造过程包括______制造、机械加工及热处理和装配调试三个阶段。

2．毛坯制造过程一般分为______和______两个阶段。

3．机械零件加工常用毛坯有______、______、焊接件、棒料、板材、型材等。

4．金属切削加工方法一般分为______、铣削、______、钻削、______、插削、刨削、齿轮加工等。

5．金属切削加工内容繁多，但各种切削加工共同涉及的问题是：______________、__________。

6．工艺过程是指改变生产对象的形状、尺寸、相对位置和性质等，使其成为______或______的过程。

7．机械装配是机械产品制造过程中最后一个阶段，它包括______与______两个内容。

## 二、判断题（正确的，在括号内打“√”；错误的，在括号内打“×”）

1．零件加工是机械零件生产加工过程的一个主要阶段，零件的形状在这一阶段中完成，并且要达到技术要求和使用功能。（　　）

2．机械零件的加工以金属切削为主。（　　）

3．工艺是指使各种原材料、半成品成为产品的方法与过程。（　　）

4．零件的装配精度取决于零件的加工精度，零件的加工精度越高，其装配精度也越高。（　　）

## 三、简答题

1．机械制造过程分为哪几个阶段？

2．机械制造工艺主要包含哪些内容？

3．机械制造工艺基础课程的研究对象是什么？

4．机械制造工艺基础课程主要包括哪些内容？该课程的任务是什么？

# 第一章 铸 造

## §1–1 砂型铸造

### 一、填空题（将正确答案填写在横线上）

1．使用砂型生产铸件的方法称为______铸造。

2．型砂是用来制造______的材料，芯砂是用来制造______的材料。

3．在砂型铸造中，型砂和芯砂的基本原材料是________和__________。

4．______用于浇注金属液，以获得形状、尺寸和质量符合要求的铸件。

5．用来形成铸型型腔的工艺装备称为______，用来制造型芯的工艺装备称为______。

6．模样按其使用特点可分为______模样和______模样两大类。

7．________是为了将金属液导入型腔，而在铸型中做出的各种通道，便于引流金属液。

8．典型的浇注系统通常由______、______、横浇道、内浇道组成。

9．常见的缩孔、缩松等缺陷是由于铸件冷却凝固时______收缩而产生的。

10．冒口是在铸型内存储供补缩铸件用熔融金属的______。

11．砂型铸造的工艺过程一般由制造模样与芯盒、制备型（芯）砂、______、______、烘干、合型（合箱）、浇注、落砂、清理及铸件检验等组成。

12．利用制备的型砂及模样等制造铸型的过程称为______。

13．按造型的手段，造型方法可分为______造型和______造型两大类。

14．常见的手工造型方法有______造型、______造型、挖砂造型、活块造型和刮板造型等。

15．有箱造型分为______造型和______造型。

16．机器造型的实质是将造型过程中的主要操作——______与______实现机械化。

17．型芯是为获得铸件内孔或局部外形，用______或其他材料制成的安放在型腔内部的铸型组元。

18．制造型芯的过程称为造芯。造芯分为______造芯和______造芯。

19．手工造芯常用的方法是______造芯。

20．________的高低及________的快慢是影响铸件质量的重要因素。

21．液体金属浇入铸型时所测量到的温度称为______。单位时间内浇入铸型中的液体金属的质量称为______。

22．用手工或机械使铸件和型砂、砂箱分开的操作称为______。

23．清理是落砂后从铸件上清除表面______、______、多余金属（包括浇口、冒口、飞边）和氧化皮等过程的总称。

24．铸件的质量包括______质量、______质量和______质量。

## 二、判断题（正确的，在括号内打“√”；错误的，在括号内打“×”）

1．砂型铸造不受合金种类、铸件形状和尺寸的限制，是应用最为广泛的一种铸造方法。（　　）

2．芯砂用来形成铸件的外部形状，而型砂用来形成铸件的内腔或简化造型工艺。（　　）

3．消耗模样只用一次，可复用模样可反复应用。（　　）

4．常见的缩孔缺陷是由于铸件冷却凝固时体积收缩而产生的。（　　）

5．为防止缩孔和缩松，往往在铸件的顶部或厚实部位设置冒口。（　　）

6．造型对铸件质量无影响。（　　）

7．手工造型方法简便，工艺装备简单，适应性广。（　　）

8．机器造型只适合两箱造型，因无法造出中箱，故不能进行三箱造型。（　　）

9．机器造芯生产效率高，紧实度均匀，砂芯质量好。（　　）

10．铜、铝等有色金属件一般采用坩埚炉或中频感应炉进行熔炼。（　　）

11．浇注温度的高低及浇注速度的快慢对铸件质量无影响。（　　）

12．浇注过程中允许浇注中断。（　　）

13．铸件在砂型内应有足够的冷却时间，禁止过早落砂。（　　）

14．型砂含水过多，透气性差，容易造成气孔缺陷。（　　）

## 三、选择题（将正确答案的序号填写在括号内）

1．芯盒的内腔与型芯（　　）。

A．形状和尺寸都相同　　B．形状相同，尺寸略大

C．形状和尺寸都不同　　D．形状相同，尺寸略小

2．模样尺寸与铸件图样尺寸相比，应（　　）。

A．相同　　B．略大

C．略小　　D．无法确定

3．关于手工造型，下列说法错误的是（　　）。

A．手工造型是全部用手工或手动工具完成的造型工序

B．手工造型操作灵活、适应性广、工艺装备简单、成本低

C．手工造型铸件质量稳定

D．手工造型主要用于单件或小批量生产，特别是大型和形状复杂的铸件

4．浇注速度的单位为（　　）。

A．g/s　　B．g/min　　C．kg/min　　D．kg/s

5．若落砂过早，铸件冷却太快，内应力（　　）。

A．增加　　B．减小　　C．不变　　D．消失

6．下列（　　）不是铸件产生砂眼的原因。

A．型砂和芯砂的强度较高　　B．砂型和砂芯的紧实度不够

C．合箱时铸型局部损坏　　D．浇注系统不合理，冲坏了铸型

7．下列（　　）不是铸件产生冷隔的原因。

A．浇注温度太高　　B．浇注速度太慢

C．浇注系统位置开设不当　　D．浇注过程曾有中断

## 四、名词解释

1．砂型铸造

2．模样

3．芯盒

4．落砂

## 五、简答题

1．简述型砂与芯砂的区别。

2．典型的浇注系统包括哪几部分？浇注系统的作用是什么？

3．砂型铸造的工艺过程一般由哪些工序组成？

4．铸件产生气孔的原因有哪些？

5．铸件产生浇不足的原因有哪些？

6．铸件产生裂纹的原因有哪些？

7．什么是冒口？冒口起什么作用？冒口一般设置在铸件的什么部位？

## §1-2 特种铸造

### 一、填空题（将正确答案填写在横线上）

1．熔模铸造是利用______材料制成模样，然后在模样上涂覆若干层______涂料制成型壳，经硬化后再将模样熔化，排出型外，从而获得无分型面的铸型。

2．金属型铸造又称硬模铸造，是将液体金属浇入______铸型，在______作用下充填铸型以获得铸件的铸造方法。

3．压力铸造简称压铸，是利用______使液态或半液态金属以较高的速度充填金属型型腔，并在______下成型和凝固而获得铸件的方法。

4．将熔融金属浇入绕水平轴、立轴或倾斜轴旋转的铸型内，在________作用下凝固成型，这种铸造方法称为离心铸造。

5．离心铸造在__________上进行，铸型可以用______型，也可以用______型。

### 二、判断题（正确的，在括号内打"√"；错误的，在括号内打"×"）

1．熔模铸造需要消耗大量的易熔材料，因为熔模时要将易熔材料燃烧掉。（　　）

2．金属型铸造时的浇注温度比砂型铸造要低。（　　）

3．金属型铸造前不需要对金属型进行预热。（　　）

4．绕立轴旋转的离心铸造适用于制造高度较小的环类、盘套类铸件。（　　）

### 三、选择题（将正确答案的序号填写在括号内）

1．下列（　　）铸造件有分型面。

A．熔模铸造　　B．金属型铸造

C．离心铸造　　D．实型铸造

2．下列材料（　　）不能作为金属型铸造的铸型材料。

A．铸铁　　B．非合金钢　　C．低合金钢　　D．石蜡

3．绕水平轴旋转的离心铸造，铸件壁厚均匀，不适用于制造（　　）铸件。

A．管　　B．套　　C．筒　　D．箱体

## 四、简答题

1．简述熔模铸造的工艺过程。

2．为什么金属型铸造前需要对金属型进行预热?

# 第二章 锻　压

## §2-1 锻　造

**一、填空题（将正确答案填写在横线上）**

1．锻件的基本生产工艺过程包括下料、______、______、冷却、检验和热处理。

2．坯料在锻造之前通常需要加热，加热的目的是提高金属的______性和降低其变形抗力，即提高金属的______性。

3．锻件常用的冷却方法有______、______和______三种。

4．锻件内部质量的检验主要是指锻件化学成分、__________、显微组织及__________等项目的检验。

5．锻件常用的热处理方法有______、______、球化退火等。

6．将加热后的金属坯料置于砧铁上或锻压机器的上、下砧铁之间直接进行的锻造，称为______锻。

7．空气锤是生产小型锻件及胎膜锻造的常用设备，它是以________为工作介质，驱动砧铁击打锻件，从而获得塑性变形的锻件。

8．空气锤是将电能转化为__________的压力能来产生打击力的。

9．150 kg 空气锤就是指锤的落下部分的质量为______kg。锻锤的打击力大约是落下部分质量的______倍。

10．水压机不依靠冲击力，而是靠______压力使坯料变形，工作平稳。

11．常用的自由锻工具有______、压棍、压铁、摔子、______、钢直尺等。

12．锻件的成形过程是由各种______工序组成的。根据______的性质和程度不同，自由锻工序可分为辅助工序、基本工序和修整工序三大类。

13．使毛坯高度减小、横截面面积增大的锻造工序称为______。

14．使坯料长度增加、横截面面积减小的锻造工序称为______。

15．圆形截面坯料拔长时，应先锻成______截面，在拔长到边长接近锻件直径时，锻成______截面，最后倒棱滚打成圆形截面。

16．在坯料上锻出不通孔或通孔的锻造工序称为______。

17．使坯料弯曲成一定角度或形状的锻造工序称为______。

18．使坯料的一部分相对于另一部分旋转一定角度的锻造工艺称为______。

19．把板材或型材等切成所需形状和尺寸的坯料或工件的锻造工序称为______。

20．圆料切割时，坯料置于剁料槽内，第一刀切至坯料直径的__________深处，然后将坯料转动＿＿＿＿＿＿＿切第二刀，再转动坯料切第三刀，将坯料切断。

21．自由锻常见的缺陷有＿＿＿＿、＿＿＿＿、轴心裂纹和折叠等。

22．将加热后的坯料放在锻模的模腔内，经过锻造，使其在模腔所限制的空间内产生塑性变形，从而获得锻件的锻造方法称为＿＿＿＿。

23．模锻的锻模结构有＿＿＿＿＿和＿＿＿＿＿两种。

**二、判断题（正确的，在括号内打“√”；错误的，在括号内打“×”）**

1．大多数金属在常温下的可锻性较差，但将这些金属加热到一定温度后，可以大大提高可锻性。（　　）

2．如果锻后锻件冷却不当，会使应力增加和表面过硬，影响锻件的后续加工，严重的还会产生翘曲变形、裂纹，甚至造成锻件报废。（　　）

3．空冷是冷却速度较快的一种冷却方式，适用于低合金钢及截面尺寸较大的锻件。（　　）

4．水压机依靠静压力使坯料变形，工作平稳，因此工作时振动小。（　　）

5．弯曲时，锻件的加热部分最好只限于被弯曲的一段，且加热必须均匀。（　　）

**三、选择题（将正确答案的序号填写在括号内）**

1．锻造大型锻件应采用（　　）。

A．手工自由锻　B．机器自由锻　C．胎模锻　D．模锻

2．锻件要进行热处理的目的不包括（　　）。

A．均匀组织　B．细化晶粒

C．调整硬度　D．调整塑性和韧性

3．锻件加热的目的是（　　）。

A．提高金属的塑性　B．提高金属的硬度

C．降低可锻性　D．提高变形抗力

4．大型锻件或高合金钢锻件的冷却适合采用（　　）。

A　空冷　B．炉冷　C．坑冷　D．水冷

5．在机械加工前，（　　）不是锻件常用的热处理方法。

A．正火　B．退火　C．球化退火　D．淬火

6．150 kg 空气锤的打击力大约是落下部分质量的（　　）倍。

A．10　B．20　C．100　D．200

7．为了防止坯料在镦粗时产生轴向弯曲，坯料镦粗部分的高度应不大于坯料直径的（　　）倍。

A．2.5 ~ 3　B．3 ~ 5　C．5 ~ 7　D．7 ~ 9

8．拔长时，每次送进量 $L$ 应为砧宽 $B$ 的（　　）倍。

A．0.1 ~ 0.3　B．0.3 ~ 0.7　C．0.7 ~ 0.9　D．1 ~ 2

9．冲孔时常放些煤粉，放煤粉的作用是（　　）。

A．提高材料的塑性　B．便于取出冲子

C．改善冲件的力学性能　D．避免冲坏锻件

10. 冷却速度最慢的冷却方法是（　　）。

A. 空冷　　B. 炉冷

C. 坑冷　　D. 水冷

11.（　　）依靠操作者的技术控制形状和尺寸，锻件精度低，表面质量差，金属消耗多。

A. 自由锻　　B. 模锻

C. 冲压　　D. 胎模锻

12.（多选题）自由锻常见的缺陷有（　　）。

A. 裂纹　　B. 末端凹陷

C. 轴心裂纹　　D. 折叠

13.（多选题）自由锻产生裂纹的原因主要有（　　）。

A. 坯料质量不好　　B. 加热不充分

C. 锻造温度过低　　D. 锻件冷却不当

14.（多选题）自由锻产生末端凹陷和轴心裂纹的原因是锻造时（　　）。

A. 坯料内部未热透　　B. 坯料整个截面未锻透

C. 锻造温度过高　　D. 打击力过大

## 四、名词解释

1. 自由锻

2. 模锻

## 五、简答题

1. 锻造的基本工艺过程有哪些？

2. 坯料在锻造之前通常需要加热，加热的目的是什么？

3. 如果锻后锻件冷却不当，会造成哪些影响？

4. 在机械加工前，锻件要进行热处理，其目的是什么？常用的热处理方法有哪些？

5. 简述空气锤的工作原理。

6. 常用的自由锻工具有哪些？

7. 根据变形的性质和程度不同，自由锻工序可分为哪几类？

8. 圆形截面坯料如何拔长？

9. 自由锻常见的缺陷有哪些？各种缺陷产生的原因有哪些？

## §2-2 冲 压

**一、填空题（将正确答案填写在横线上）**

1．使板料经分离或成形而得到制件的工艺统称为______。

2．用冲压的方法制成的工件或毛坯称为______。

3．常用的冲压设备有______和______。

4．冲压的基本工序可分为______工序和______工序两类。

5．分离工序是使零件与母材沿一定的轮廓相互分离的工序，如______、______和整修等。

6．成形工序是在板料不被破坏的情况下产生局部或整体______变形的工序，如弯曲、拉深和翻边等。

7．冲裁是利用______将板料以封闭的轮廓与坯料分离的冲压方法，分为______和冲孔。

8．利用冲裁取得具有一定外形的制件或坯料的冲压方法称为______。

9．将冲压坯料内的材料以封闭的轮廓分离开来，得到带孔制件的冲压方法称为______。

10．剪切是按________的轮廓线从板料中分离出零件或毛坯的工序。

11．将板料或型材利用冲模弯成一定角度的工序称为______。

12．在带孔的平坯料上用扩孔的方法使板料沿一定的曲率翻成直立边缘的冲压成形方法称为______。

**二、判断题（正确的，在括号内打“√”；错误的，在括号内打“×”）**

1．冲孔时封闭轮廓以内部分的板料是制件或坯料，封闭轮廓以外部分的板料是余料或废料。（　　）

2．落料时封闭轮廓以外部分的板料是制件或坯料，封闭轮廓以内部分（被冲落部分）的板料是余料或废料。（　　）

3．弯形时，板料内侧受压，外侧受拉；当变形程度过大时，弯形件的外侧易被拉裂。（　　）

4．为防止工件被拉裂，弯曲凸模和凹模的工作部分应有合理的圆角。（　　）

**三、选择题（将正确答案的序号填写在括号内）**

1．将冲压坯料内的材料以封闭的轮廓分离开来，得到带孔制件的冲压方法称为（　　）。

A．弯形　　B．冲孔　　C．落料　　D．切口

2．利用冲压设备使板料经分离或成形而得到制件的工艺统称为（　　）。

A．冲压　　B．落料　　C．冲孔　　D．弯形

3．按不封闭的轮廓线从板料中分离出零件或毛坯的工序称为（　　）。

A．冲孔　　B．落料　　C．剪切　　D．整修

## 四、简答题

1．落料和冲孔有什么区别?

2．冲压的基本工序分为哪两类？举例说明。

# 第三章 焊 接

## §3-1 焊条电弧焊

### 一、填空题（将正确答案填写在横线上）

1．焊接的实质就是通过______或______，或两者并用，并且用或不用填充材料，使工件连接在一起的方法。

2．焊件经过焊接后形成的接合部分称为______；被焊的焊件称为______；两个焊件的连接处称为_________。

3．焊接最本质的特点是通过焊接使焊件达到结合，从而将原来分开的物体变成_______连接的整体。

4．按焊接过程中金属所处的状态不同，可以把焊接分为_______、______和钎焊三类。

5．焊条电弧焊是通过焊条引发电弧，用______来熔化焊件而实现焊接的一种熔焊方法。

6．焊条电弧焊的焊接回路由_______、电缆、焊钳、_______、焊件和焊接电弧组成。

7．焊接电弧是负载，弧焊电源是为其提供______的装置，焊接______用于连接电源与焊钳和焊件。

8．焊条药皮在熔化过程中产生一定量的气体和液态熔渣，起到______液态金属的作用。

9．按输出的电流性质不同，弧焊电源可分为______弧焊电源和______弧焊电源两大类。

10．按结构和原理不同，弧焊电源可分为_________、_________和逆变弧焊电源三类。

11．弧焊变压器输出的焊接电流为______，弧焊整流器输出的焊接电流为______。

12．焊钳是用于夹持焊条并把焊接电流传输至______进行电弧焊的工具，规格有______和 500 A 两种。

13．面罩是防止焊接时的飞溅、弧光及熔池和焊件的高温对焊工面部及颈部灼伤的一种______工具，有手持式和______式两种。

14．涂有药皮供焊条电弧焊用的熔化电极称为______。

15．焊条由焊芯和______组成。焊条夹持端没有______，被焊钳夹住后利于导电。

16．焊芯的作用是在焊接时传导电流产生______并熔化，成为焊缝的填充金属。

17．压涂在焊芯表面上的涂料层称为______。

18．按焊条药皮熔化后的熔渣特性不同，分为______焊条和______焊条两大类。

19．酸性焊条具有较强的______性，促使合金元素氧化，同时电弧中的氧离子容易与氢离子结合，生成氢氧根离子，可防止产生______孔。

20．碱性焊条______性能好，合金元素烧损少，焊缝金属合金化效果较好。由于电弧中含氧量低，如遇到焊件或焊条存在铁锈和水分时，容易产生______孔。

21．焊条______的选择与工件厚度、焊缝空间位置与焊接层次有关。

22．按焊缝的空间位置分类，有______缝、______缝、横焊缝及仰焊缝四种形式。

23．多层焊时，第一层应采用小直径焊条，一般不超过______mm，以保证良好熔合。

24．电流大小主要取决于焊条______和焊缝空间位置，其次是工件厚度、接头形式、焊接层次等。

25．碱性焊条选用的焊接电流比酸性焊条______10% 左右。

26．焊接接头是指用焊接的方法连接的接头，它由焊缝、______、热影响区及其邻近的母材组成。

27．在焊条电弧焊中，常用的焊接接头形式有______接头、______接头、T 形接头和搭接接头。

28．坡口的作用是确保焊件______，从而保证焊缝质量。

29．常用的对接接头坡口形式有 I 形、____形、____形和 U 形等。

30．当焊件接电源输出正极，焊枪接电源输出负极时，称为直流____接；反之，焊件、焊枪分别与电源负、正输出端相连时，则称为直流____接。

## 二、判断题（正确的，在括号内打“√”；错误的，在括号内打“×”）

1．逆变弧焊电源输出的是交流电。（　　）

2．焊条引弧端的药皮被磨成锥形，便于焊接时引弧。（　　）

3．平常所说的焊条直径实际是指焊芯外面药皮的直径。（　　）

4．熔渣以酸性氧化物（$SiO_2$、$TiO_2$、$Fe_2O_3$）为主的焊条称为酸性焊条。（　　）

5．酸性焊条对铁锈、水不敏感。（　　）

6．酸性焊条突出的特点是工艺性能差，引弧较困难，电弧稳定性差，飞溅较大，焊缝成形稍差，鱼鳞纹较粗，不易脱渣。（　　）

7．碱性焊条突出的特点是焊接工艺性能好，容易引弧，电弧稳定，脱渣性好，飞溅小，对弧长不敏感，焊前准备要求低，焊缝成形好。（　　）

8．应用酸性焊条焊接时，焊缝金属的力学性能和抗裂性能均较好，可用于合金钢和重要的非合金钢结构的焊接。（　　）

9．在焊接结构刚度大、受力情况复杂时，应选用比钢材强度高一级的焊条。（　　）

10．一般来说，对于塑性、韧性和抗裂性能要求较高，低温条件下工作的焊缝都应选用酸性焊条。（　　）

11．当受某种条件限制而无法清理低碳钢焊件坡口处的铁锈、油污和氧化皮等脏物时，应选用碱性焊条。（　　）

12．厚度较大的焊件应选用直径较大的焊条；相反，应选用直径较小的焊条。（　　）

13．焊接较薄的焊件，选用焊条直径要细一些，则焊接电流也相应小；反之，则应选

择大的焊条直径，焊接电流也要相应增大。（ ）

14．横焊、立焊、仰焊位置时，为了避免熔池金属下淌，焊接电流应比平焊位置小10%～20%。（ ）

15．通常打底焊接，特别是焊接单面焊双面成形的焊道时，使用的焊接电流要大。（ ）

16．弧长是指从熔化的焊条端部到熔池表面的最长距离。（ ）

17．电弧长，则电弧电压高；电弧短，则电弧电压低。（ ）

18．采用交流电源焊接时，电弧稳定性差；采用直流电源焊接时，电弧稳定性好，飞溅少，但电弧偏吹较严重。（ ）

19．低氢钠型药皮焊条电弧稳定性差，通常必须采用交流电源。（ ）

## 三、选择题（将正确答案的序号填写在括号内）

1．为焊条电弧焊提供电能的装置是（ ）。

A．焊接电弧　　B．弧焊电源

C．焊条　　D．电缆

2．输出交流电的弧焊电源是（ ）。

A．弧焊变压器　　B．弧焊整流器

C．逆变弧焊电源　　D．以上都不是

3．（多选题）焊条直径的选择与（ ）有关。

A．工件厚度　　B．焊缝空间位置

C．焊接层次　　D．焊接速度

4．（多选题）焊接电流的选择与（ ）有关。

A．焊条直径　　B．焊缝空间位置

C．焊接层次　　D．接头形式

5．（多选题）在焊条电弧焊中，常用的焊接接头形式有（ ）。

A．对接接头　　B．角接接头

C．T形接头　　D．搭接接头

6．（多选题）常用的对接接头坡口形式有（ ）。

A．I形　　B．V形　　C．X形　　D．U形

7．仰焊时焊条直径一般不应超过（ ）mm。

A．3.2　　B．4　　C．5　　D．6

8．立焊时，焊条直径最大不超过（ ）mm。

A．3.2　　B．4　　C．5　　D．6

## 四、简答题

1．简述焊条电弧焊的焊接原理。

2．焊芯有什么作用？

3．按药皮熔化后的熔渣特性不同，焊条分为哪两大类？每类各有什么突出的特点？

4．焊条的选用应考虑哪些因素？

5．焊条直径的选择与哪些因素有关？

## §3–2　其他焊接方法

### 一、填空题（将正确答案填写在横线上）

1．气体保护电弧焊是利用外加____作为电弧介质并保护焊接区的电弧焊。

2．根据所用保护气体的不同，常用的气体保护焊有______焊和二氧化碳气体保护焊。

3．氩弧焊根据电极的不同，可分为________氩弧焊和________氩弧焊两种。

4．气焊是利用______气体与______气体混合燃烧所放出的热量作为热源来加热工件的接头区域及焊丝，并使其熔化，利用燃烧时所放出的气体保护焊接区的高温金属，使其冷却凝固后形成焊接接头的一种熔化焊的焊接方法。

5．气焊设备及工具主要包括______、______、减压器、焊炬等，辅助工具包括氧气胶管、乙炔胶管、护目镜、点火枪及钢丝刷等。

6．焊炬是气焊时用以控制气体______、混合比及火焰并进行焊接的工具。

7．气割是利用气体火焰的______，将工件切割处预热到一定温度后，喷出高速切割氧流，使其燃烧并放出热量，从而实现______的一种加工方法。

8．金属的气割过程实质是金属在纯氧中的______过程，而不是熔化过程。

9．割炬的作用是将可燃气体与______以一定的比例混合后，形成具有一定热量和形状的预热火焰，并在预热火焰的中心喷射切割氧气进行气割。

10．埋弧焊是利用焊丝和焊件之间燃烧的______所产生的热量来熔化焊丝、焊剂和焊件而形成______的电弧焊方法。

11．埋弧自动焊的不足是只适用于______位置焊接（允许倾斜坡度不超过20°）和长而直或大圆弧的连续焊缝，而且对生产批量有一定要求。

12．利用等离子弧焊枪所产生的高温等离子弧有效地熔化焊件而实现焊接的过程称为__________。

13．按电源供电方式的不同，等离子弧分为________、________和联合型三种形式。

14．电阻焊分为__________、__________和缝焊三种。

15．电阻焊焊件对接时先利用电阻热将焊件加热至______状态，然后迅速施加顶锻力，使焊件相互结合，形成焊缝。

16．电阻点焊常用于______的焊接。

17．缝焊常用于焊接厚度不大于______mm的有密封性要求的薄壁容器或构件。

**二、判断题（正确的，在括号内打“√”；错误的，在括号内打“×”）**

1．熔化极氩弧焊的电极是焊丝，像焊条那样，在焊接过程中焊丝本身作为填充金属被不断熔化掉。（　　）

2．不熔化极氩弧焊的电极一般由钨丝制作（钨极），焊接过程中钨丝作为填充金属被不断熔化掉。（　　）

3．氩弧焊对所有钢材、非铁金属及其合金基本上都适用。（　　）

4．割炬与焊炬可以混用。（　　）

5．气割所用的设备及工具与气焊完全相同。（　　）

6．等离子弧是一种压缩电弧。（　　）

7．电极接电源负极，喷嘴接正极，而焊件不参与导电。非转移型等离子弧在电极和喷嘴之间产生。（　　）

8．电阻点焊常用于刀具、型钢、管材的焊接。（　　）

**三、选择题（将正确答案的序号填写在括号内）**

1．下列不属于埋弧自动焊特点的是（　　）。

A．焊缝质量好　　B．生产效率高
C．成本低　　D．劳动条件差

2．（多选题）电阻对焊常用于（　　）的焊接。

A．刀具　　B．型钢　　C．管材　　D．薄钢板

3．电阻焊属于（　　）。

A．熔焊　　B．压焊
C．钎焊　　D．不能确定

## 四、简答题

1．与焊条电弧焊相比，埋弧自动焊具有哪些显著的特征？

2．什么是二氧化碳气体保护焊？试简述其工作原理。

3．气割过程包括哪几个阶段？金属的气割过程实质是什么？

4．等离子弧按电源供电方式的不同分为哪三种形式？

5．什么是电阻焊？电阻焊分为哪几种？

# 第四章　切削加工基础

## §4-1　切削运动与切削用量

**一、填空题（将正确答案填写在横线上）**

1．切除工件表面多余材料所需要的最基本运动是__________，在切削运动中形成机床切削速度，消耗主要动力。

2．主运动可以是旋转运动，也可以是直线运动。铣削的主运动为______运动，刨削的主运动为_______运动。

3．切削过程中，工件上会形成三种表面：__________、__________和__________。

4．工件上有待切除的表面是______________。

5．工件上经刀具切削后所形成的表面是____________。

6．切削用量包括切削速度、_________和背吃刀量。

7．切削速度是指切削刃上选定点相对于工件主运动的_______速度，单位为 m/min 或 m/s。

8．车削外圆时的进给量为工件每转一转刀具沿__________方向所移动的距离，单位为_________。

9．刀具切入工件时，工件上已加工表面与待加工表面之间的垂直距离称为___________，单位为 mm。

**二、判断题（正确的，在括号内打“√”；错误的，在括号内打“×”）**

1．进给运动在切削运动中形成机床切削速度，消耗主要动力。（　　）

2．切削过程中工件和刀具间的相对运动称为切削运动，它是形成工件表面的基本运动。（　　）

3．切削运动包括主运动和进给运动。（　　）

4．任何切削过程中必须有一个，也只有一个主运动，进给运动则可能有一个或多个。（　　）

5．主运动和进给运动不能由刀具单独完成。（　　）

6．进给运动是切除工件表面多余材料所需的最基本的运动。（　　）

7．刨削加工中刨刀的往复直线运动是进给运动，工件的横向间歇移动为主运动。（　　）

8．过渡表面是指工件上由切削刃切除的那部分表面，它在下一个切削行程、刀具或工

件的下一转里被切除，或者被下一切削刃切除。 (    )

9. 切削速度的单位为 m/min 或 mm/r。 (    )

10. 进给量可用刀具或工件每转或每行程的位移量来表述和度量。 (    )

11. 背吃刀量一般是指工件已加工表面和待加工表面间的垂直距离，也称切削深度。 (    )

12. 当主运动是旋转运动时，切削速度是指圆周运动的最大线速度。 (    )

13. 在保证机床动力和工艺系统刚度的前提下，尽可能选择较小的背吃刀量。 (    )

14. 在保证工艺装备和技术条件允许的前提下，选择较大的进给量。 (    )

15. 精加工时可根据工件的尺寸精度选择合适的背吃刀量，通常背吃刀量为 0.5～1 mm。 (    )

16. 通常，进给量越小，表面粗糙度值越小，得到的表面越光洁。 (    )

17. 精加工可保证工件最终的尺寸精度和表面质量。 (    )

18. 切削速度对刀具寿命的影响最大，切削速度越高，刀具越容易磨损。 (    )

**三、选择题（将正确答案的序号填写在括号内）**

1. 使用机床进行切削加工，除要有一定切削性能的切削工具外，还要有机床提供工件与切削工具间所必需的（    ）。

A. 背吃刀量　　B. 切削速度　　C. 进给量　　D. 相对运动

2. 切除工件表面多余材料所需的最基本的运动是（    ）。

A. 主运动　　B. 进给运动　　C. 步进运动　　D. 复合运动

3. 刨削加工中刨刀的往复直线运动是（    ），工件的横向间歇移动为（    ）。

A. 主运动　　B. 进给运动　　C. 复合运动　　D. 步进运动

4. 钻孔时，麻花钻的轴向移动是（    ）运动，麻花钻的回转是（    ）运动。

A. 复合　　B. 辅助　　C. 主　　D. 进给

5. 下列不属于切削用量的是（    ）。

A. 加工时间　　B. 切削速度　　C. 进给量　　D. 背吃刀量

6. 下列关于切削速度的说法，错误的是（    ）。

A. 切削速度是指切削刃选定点相对于工件的主运动的瞬时速度

B. 当主运动是旋转运动时，切削速度是指圆周运动的最大线速度

C. 切削速度的单位为 m/min 或 m/s

D. 切削速度可用刀具或工件每转或每行程的位移量来表述和度量

7. 切削用量的选择步骤是（    ）。

A. 切削速度→背吃刀量→进给量　　B. 切削速度→进给量→背吃刀量

C. 背吃刀量→切削速度→进给量　　D. 背吃刀量→进给量→切削速度

8. 粗加工时，对刀具寿命影响最小的是（    ）。

A. 加工时间　　B. 切削速度　　C. 背吃刀量　　D. 进给量

9. 精加工时，（    ）的大小直接影响工件的表面粗糙度。

A. 加工时间　　B. 切削速度　　C. 进给量　　D. 背吃刀量

## 四、简答题

1．什么是主运动？什么是进给运动？铣削和刨削中的主运动和进给运动分别是什么？

2．简述切削用量的选择原则。

## 五、应用题

1．请将图 4–1 中的加工图示与加工方法连接起来。

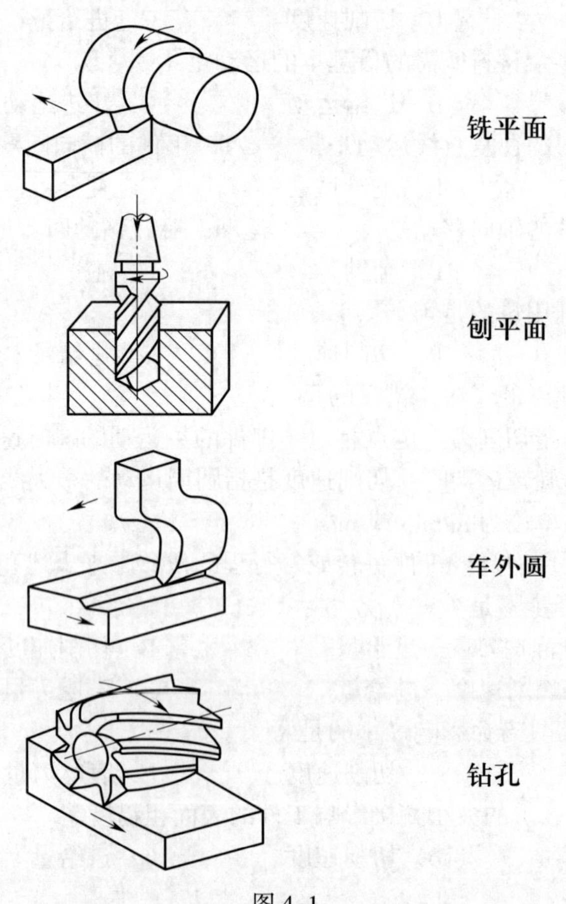


图 4–1

2．在图 4–2 中标注车削外圆时所形成的有关表面和切削运动方向。

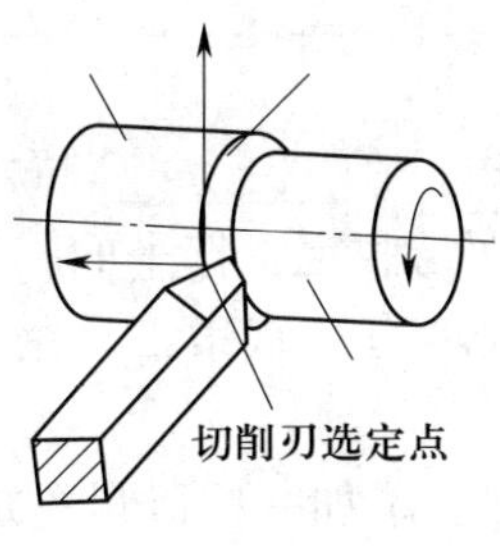


图 4–2

3．在图 4–3 中标注车削所示工件的切削用量。

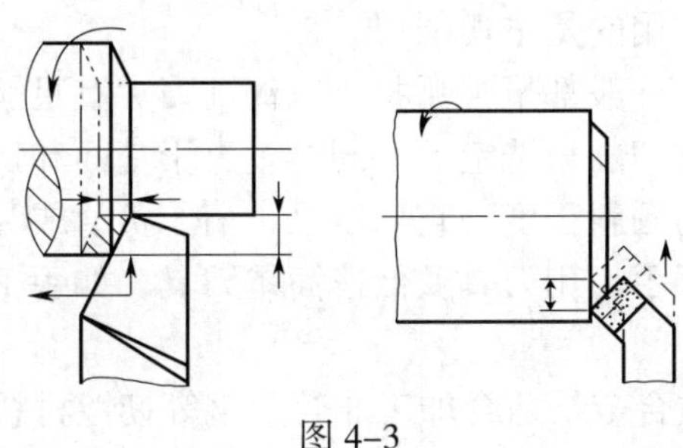

图 4–3

## § 4–2　切 削 刀 具

### 一、填空题（将正确答案填写在横线上）

1．按加工表面不同，金属切削刀具可分为＿＿＿＿＿＿加工刀具、内孔表面加工刀具、＿＿＿＿＿加工刀具、螺纹刀具、成形刀具、齿轮刀具等。

2．刀具的结构要素一般由＿＿＿部分、导向部分、夹持部分等组成。

3．刀具的＿＿＿＿部分直接承担切除工件上多余金属层的任务，并且直接影响工件的加工质量和生产效率。

4．车刀的切削部分由“三面两刃一尖”组成，三面是指＿＿＿面、主后面、副后面，两刃是指＿＿＿＿刃、副切削刃，一尖是指＿＿＿＿。

5．主切削刃为刀具＿＿＿＿与主后面相交的部位，它担负主要切削工作。

6．用于定义刀具设计、制造、刃磨和测量时的几何参数的参考系称为刀具＿＿＿＿参考系；规定刀具进行切削加工时的几何参数的参考系称为刀具＿＿＿参考系。

7．刀具静止参考系的主要基准坐标平面有＿＿＿＿、假定工作平面 $p_f$、主切削平面 $p_s$、副切削平面 $p_s'$、＿＿＿＿＿＿。

8．基面通过切削刃上某选定点，一般来说其方位要垂直于假定的＿＿运动方向。

9．假定工作平面 $p_f$ 通过切削刃选定点并垂直于基面，一般其方位＿＿＿于假定的进给运动方向。

10．车刀的切削部分共有________、________、________、________和________5个独立的基本角度。

11．前角 $\gamma_o$ 为前面与基面的夹角，在________平面中测量。

12．主偏角 $\kappa_r$ 为________平面与假定工作平面间的夹角，在基面中测量。

13．目前，用于生产上的刀具材料有：碳素工具钢、合金工具钢、______、硬质合金、陶瓷、________、立方氮化硼等。

14．陶瓷是在________的基础上添加一些微量添加剂（如 TiC、Ni、Mo 等），经冷压烧结而成，是一种廉价的非金属刀具材料。

**二、判断题（正确的，在括号内打“√”；错误的，在括号内打“×”）**

1．切削时起主要切削作用的是主切削刃。（ ）

2．刀尖并非绝对尖锐，一般都呈圆弧状，以保证刀尖有足够的强度和耐磨性。（ ）

3．假定工作平面是通过切削刃选定点并同时垂直于基面和切削平面的平面。（ ）

4．前角表示刀具前面的倾斜程度，它可以是正值、负值或为零。（ ）

5．碳素工具钢主要用于手工用刀具及低速简单刀具，如手工用铰刀、丝锥、板牙等。（ ）

6．钨钴类（K 类）硬质合金最适合加工非合金钢等韧性材料。（ ）

7．人造金刚石主要用于铁族金属的加工。（ ）

8．人造金刚石的主要成分是碳，是石墨的同素异形体，由碳经高温、高压转变而成。（ ）

9．硬质合金韧性差、脆性大，承受冲击和振动的能力低。（ ）

**三、选择题（将正确答案的序号填写在括号内）**

1．下列（ ）不是组成刀具的结构要素。

A．切削部分　　B．导向部分

C．夹持部分　　D．刀架

2．下列选项中（ ）不是刀具切削部分的组成要素。

A．切削刃　　B．刀杆

C．前面　　D．后面

3．切削时起主要切削作用的是（ ）。

A．前面　　B．主后面

C．主切削刃　　D．副切削刃

4．下列关于切削平面的说法，正确的是（ ）。

A．通过主切削刃选定点与主切削刃相切并垂直于基面的平面为主切削平面

B．通过主切削刃选定点与主切削刃相切并垂直于基面的平面为副切削平面

C．通过副切削刃选定点与副切削刃相切并垂直于基面的平面为主切削平面

D．通过切削刃选定点并同时垂直于基面和切削平面的平面为副切削平面

5．下列在基面中测量的角是（ ）。

A．前角　　B．后角
C．副偏角　　D．刃倾角

6．下列在主切削平面中测量的角是（　　）。
A．前角　　B．后角
C．副偏角　　D．刃倾角

7．下列主要用于加工切削速度低、尺寸较小手动工具的刀具材料是（　　）。
A．优质碳素工具钢　　B．合金工具钢
C．高速钢　　D．硬质合金

8．下列用于制造形状复杂低速刀具的材料是（　　）。
A．优质碳素工具钢　　B．合金工具钢
C．高速工具钢（高速钢）　　D．高性能高速钢

9．加工非合金钢常用（　　）硬质合金。
A．钨钴类（K 类）　　B．钨钛钴类（P 类）
C．钨钛钽钴类（M 类）　　D．以上都不正确

10．下列关于硬质合金的说法，错误的是（　　）。
A．硬质合金韧性强、脆性小，能承受冲击和振动
B．M 类硬质合金主要用于加工高温合金、高锰钢、不锈钢以及可锻铸铁、球墨铸铁、合金铸铁等难加工材料
C．P 类硬质合金适用于加工钢或其他韧性较大的塑性金属，不适宜于加工脆性金属
D．K 类硬质合金主要用于加工铸铁、有色金属等脆性材料或冲击较大的场合

## 四、简答题

1．车刀的切削部分由哪些结构组成？

2．刀具静止参考系主要有哪些基准坐标平面？

3．常用的刀具材料有哪些？

## 五、应用题

1. 请正确标注图 4-4 所示刀具切削部分的主要角度。

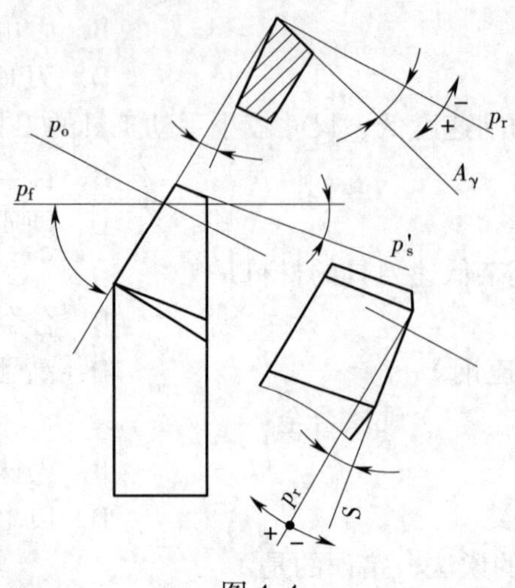

图 4-4

2. 用连线的形式将下列不同刀具材料与其对应的应用场合连接起来。

| | |
|---|---|
| 优质碳素工具钢 | 制造麻花钻 |
| 合金工具钢 | 切削铸铁 |
| 高速钢 | 切削非合金钢 |
| 高性能高速钢 | 制造铰刀 |
| K 类硬质合金 | 切削不锈钢材料 |
| P 类硬质合金 | 制造尺寸较小的手动工具 |

# §4-3 切削力与切削温度

## 一、填空题（将正确答案填写在横线上）

1. 切削力 $F_c$ 与切削速度 $v_c$ 方向________，它消耗功率________。
2. 背向力是______________在________工作平面方向上的分力。
3. 进给力是总切削力在______运动方向上的正投影。
4. 切削加工时，工件材料抵抗刀具切削所产生的阻力称为___________。
5. 总切削抗力与____________是一对作用力与反作用力，它们大小相等、方向相反。
6. 背吃刀量 $a_p$ 和进给量 $f$ 增大时，切削横截面积也________，切屑粗壮，切下金属增多，总切削抗力________。
7. 前角增大，能使被切层材料所受挤压变形和摩擦________，排屑顺畅，总切削抗力________。

8．切削热主要来源于___________、切屑与刀具前面的摩擦、工件与刀具后面的摩擦三个方面。

9．切削过程中产生的切削热大部分由________带走。

10．在车削外圆时，由切屑带走的热量占总切削热的___________，传入刀具的热量占_______________，传入工件的热量占_____________。

**二、判断题（正确的，在括号内打“√”；错误的，在括号内打“×”）**

1．刀具的一个切削部分在切削工件时所产生的全部切削力称为一个切削部分的总切削力。（　　）

2．单刃刀具只有一个切削部分参与切削，这个切削部分的总切削力就是刀具总切削力。（　　）

3．为了便于研究和分析总切削力对加工的影响，通常将它分解成三个相交的切削分力。（　　）

4．总切削力是一个空间矢量，在切削过程中它的方向和大小容易测试，但是无必要测试。（　　）

5．切削力 $F_c$ 是总切削力 $F$ 在主运动方向上的正投影。（　　）

6．车外圆时，刀具与工件在背向力方向上无相对运动，所以背向力 $F_p$ 不做功。（　　）

7．进给力 $F_f$ 与进给速度 $v_f$ 方向一致。（　　）

8．切削加工时，工件材料抵抗刀具切削所产生的阻力称为总切削抗力 $F'$。（　　）

9．工件抵抗切削的总切削抗力 $F'$ 与切削时刀具对工件的总切削力 $F$ 是一对作用力与反作用力，它们大小相等、方向相反，分别作用在工件上。（　　）

10．总切削抗力 $F'$ 的三个分力与总切削力的三个分力大小相等、方向相反。（　　）

11．工件材料的强度、硬度越高，韧性和塑性越差，越难切削，总切削抗力越大。（　　）

12．后角增大，刀具后面与工件过渡表面和已加工表面的挤压变形和摩擦增大，总切削抗力减小。（　　）

13．主偏角对切削抗力 $F_c'$ 影响较小，但对背向抗力 $F_p'$ 和进给抗力 $F_f'$ 的影响明显。（　　）

14．合理选用切削液，可以减小工件材料的变形抗力和摩擦阻力，使总切削抗力减小。（　　）

15．在车削外圆时，由切屑带走的热量占总切削热的50%～60%。（　　）

16．切削过程中，切削区域的温度称为切削温度。（　　）

17．在高速切削时切削部分温度可达到1 000 ℃以上。（　　）

18．传入工件的切削热仅占5%～10%，不会导致工件受热伸长和膨胀，所以不会影响加工精度。（　　）

19．对于细长轴、薄壁套和精密工件的加工，传入工件的切削热比较少，不会引起工件的变形。（　　）

20．合理选择刀具材料和刀具几何角度，能减少切削热和降低切削温度。（　　）

## 三、选择题（将正确答案的序号填写在括号内）

1．下列不属于多刃刀具的是（　　）。

A．铣刀　　B．铰刀　　C．刨刀　　D．麻花钻

2．下列说法错误的是（　　）。

A．刀具的一个切削部分在切削工件时所产生的切削力称为总切削力

B．单刃刀具只有一个切削部分参与切削，这个切削部分总切削力就是刀具总切削力

C．多刃刀具有几个切削部分同时进行切削，所有参与切削的各切削部分所产生的总切削力的合力称为刀具总切削力

D．车刀属于单刃刀具

3．总切削力的三个分力相互（　　）。

A．垂直　　B．相交　　C．平行　　D．不确定

4．下列说法正确的是（　　）。

A．切削过程中传入刀具的切削热占很大的一部分

B．由于刀具切削部分（尤其是刀尖部位）体积很小，温度不会升高

C．在高速切削时，切削温度可达到 1 000 ℃以上，致使刀具切削性能降低，磨损加快，刀具寿命缩短

D．在高速切削时，切削热不会影响工件加工质量

## 四、简答题

1．影响总切削抗力大小的因素有哪些？

2．切削热是如何产生的？主要来源于哪几个方面？

3．减少切削热和降低切削温度的工艺措施有哪些？

# §4-4 切 削 液

**一、填空题（将正确答案填写在横线上）**

1．切削液主要有________、________、________和________等作用。

2．切削液的冷却性能取决于它的热导率、比热容、汽化热、流量、流速等，但主要靠__________。

3．常用切削液有____________、__________、合成切削液、切削油、极压切削油和固体润滑剂等。

4．切削液的种类繁多，性能各异，在加工过程中应根据__________、工艺特点、工件和刀具材料等具体条件合理选用。

5．粗加工时金属切除量大，切削温度高，应选用__________作用好的切削液。

6．精加工时，为了减少切屑、工件与刀具间的摩擦，保证工件的加工精度和表面质量，应选用________性能较好的切削液。

**二、判断题（正确的，在括号内打“√”；错误的，在括号内打“×”）**

1．切削液是为提高切削加工效果而使用的液体。（ ）

2．水的热导率为油的 3 ~ 5 倍，比热容约比油的大一倍，故冷却性能比油好得多。（ ）

3．切削液可提高刀具寿命和工件的加工质量。（ ）

4．一般而言，合成切削液比乳化液和切削油的清洗作用好，乳化液浓度越低，清洗作用越好。（ ）

5．切削液防锈作用的好坏，取决于切削液本身的性能和加入的防锈添加剂。（ ）

6．切削液能将细小的切屑或磨削时从砂轮上脱落的磨粒及时冲走，避免切屑堵塞或划伤工件已加工表面及机床导轨。（ ）

7．粗车或粗铣铸铁时，一般应选用 5% ~ 7% 的乳化液。（ ）

8．加工铸铁、铸铝等脆性金属，为了避免细小切屑堵塞冷却系统或黏附在机床上难以清除，一般不用切削液。（ ）

9．加工镁合金时，不能用切削液，以免燃烧起火。（ ）

10．油状乳化液必须用水稀释后才能使用。（ ）

11．用硬质合金车刀切削时，一般不加切削液。（ ）

**三、简答题**

1．切削液具有哪些作用？

2. 切削液有哪些种类？

3. 使用切削液应注意哪些事项？

## §4–5　加工精度与加工表面质量

**一、填空题（将正确答案填写在横线上）**

1. 加工精度是指工件加工后的________几何参数（尺寸、形状和位置）与________几何参数的符合程度。

2. 工件的加工精度包括______精度、________精度和________精度三个方面。

3. 试切法是通过试切→______→调整→再试切的反复过程而最终获得规定________精度的方法。

4. 表面粗糙度是衡量加工表面微观________形状精度的主要标志。

5. 表面粗糙度值越小，加工表面的微观几何形状精度________。

**二、判断题（正确的，在括号内打“√”；错误的，在括号内打“×”）**

1. 试切法只适用于单件生产。（　　）

2. 使用钻头、铰刀、拉刀进行孔加工属于用定尺寸刀具加工。（　　）

3. 使用调整法加工时必须预先按规定的尺寸调整好机床、夹具、刀具及工件的相对位置和运动，并要求在所有工件的加工过程中，保持这种相对位置不变。（　　）

4. 自动控制法是使用由测量装置、进给装置和控制系统组成的自动加工循环系统。（　　）

5. 当刀具磨损（超出磨损的允许范围）时，自动测量装置发出补偿指令，使进给装置进行微量补偿进给。（　　）

6. 用自动控制法加工时，整个工作循环自动进行，加工后的工件尺寸稳定，生产效率高。（　　）

7. 精度要求较高、形状复杂工件的单件、大批量生产易于实现自动化。（　　）

8. 表面粗糙度是加工表面上具有较小间距和峰谷所组成的微观几何形状特性。（　　）

9．工件的加工表面质量对工件的耐磨性、耐腐蚀性、疲劳强度、配合性质等使用性能有着很大的影响。（　　）

10．切削加工时，表面层材料的物理、力学性能与基体材料的物理、力学性能一致。（　　）

**三、选择题（将正确答案的序号填写在括号内）**

1．金属切削过程中产生的物理现象包括（　　）等。

A．切削力　　B．切削热

C．刀具磨损　　D．以上现象都是

2．下列不属于自动获得尺寸精度的方法的是（　　）。

A．用定尺寸刀具加工　　B．调整法

C．试切法　　D．自动控制法

3．用丝锥、板牙加工内、外螺纹属于（　　）。

A．用定尺寸刀具加工　　B．调整法

C．试切法　　D．自动控制法

4．使用自动控制法加工时，当工件达到规定的尺寸精度要求时，机床的自动（　　）发出指令使机床自动退刀并停止工作。

A．进给装置　　B．测量装置

C．控制系统　　D．循环系统

5．下列不属于加工表面质量的是（　　）。

A．工件表面微观几何形状　　B．工件表面层材料的物理性能

C．工件表面层材料的力学性能　　D．工件表面层的宏观几何形状

6．表面粗糙度的波距小于（　　）mm。

A．0.5　　B．0.8　　C．1　　D．1.5

**四、简答题**

1．表面粗糙度的形成因素有哪些？

2．切削加工时，工件表面层材质的变化主要表现在哪几个方面？

# 第五章 钳 加 工

## §5-1 划 线

### 一、填空题（将正确答案填写在横线上）

1．划线是指在毛坯或工件上，用划线工具划出待加工部位的______线或作为______的点和线，这些点和线标明了工件某部分的尺寸、位置和形状特征。

2．划线分为______划线和______划线两种。只需要在工件一个表面上划线后即能明确表示加工界线的，称为______划线。

3．需要在工件几个互成不同角度（通常是互相垂直）的表面上划线才能明确表示加工界线的，称为______划线。

4．划线除要求划出的线条清晰均匀外，最重要的是保证________。

5．常用的划针是用 $\phi3 \sim \phi6$ mm 的弹簧钢丝或高速钢制成，其长度为 200 ~ 300 mm，尖端磨成________的尖角，并经热处理淬硬，以提高其硬度和耐磨性。

6．划线时，工件上用来确定其他点、线、面位置所依据的点、线、面称为______基准。在零件图上，用来确定其他点、线、面位置的基准称为______基准。

7．划线时在零件的每一个方向都要选择一个基准，因此，平面划线时一般要选择____个划线基准；立体划线时一般要选择____个划线基准。

8．找正就是利用划线工具使工件上有关的表面与________之间处于合适的位置。

9．当工件上有不加工表面时，应按______表面找正后再划线，这样可使加工表面与不加工表面之间保持尺寸均匀。

10．当工件上有两个以上的不加工表面时，应选择______的或______的表面为找正依据，并兼顾其他不加工表面。

11．当工件上的误差或缺陷用找正后的划线方法不能补救时，可采用______的方法来解决。

### 二、判断题（正确的，在括号内打“√”；错误的，在括号内打“×”）

1．划线是机械加工的重要工序之一，广泛用于成批和大量生产。（ ）

2．应用平板划线时，应使平板工作面处于水平状态。（ ）

3．游标高度卡尺的量爪不能直接用于划线。（ ）

4．平行垫铁相对的两个平面互相平行，主要用来把工件平行垫高。（ ）

5．划线时为了减少不必要的尺寸换算，使划线方便、准确，应从选择划线基准开始。（ ）

6. 选择划线基准的基本原则是尽可能使划线基准和装配基准重合。（ ）

7. 划线的质量与工件的加工质量无关。（ ）

8. 合理选择划线基准，是提高划线质量和效率的关键。（ ）

## 三、选择题（将正确答案的序号填写在括号内）

1. 一般划线精度为（ ）mm。

A. 0.025 ~ 0.05　　B. 0.25 ~ 0.5　　C. 0.5 ~ 1　　D. 1 ~ 1.5

2. 经过划线确定的加工尺寸，在加工过程中可通过（ ）来保证尺寸准确度。

A. 测量　　B. 划线　　C. 装夹　　D. 界线

3. 毛坯上有不加工表面时，按不加工表面找正后划线，可使加工表面与不加工表面之间保持（ ）均匀。

A. 形状　　B. 尺寸　　C. 加工余量　　D. 误差

4. 合理选择找正基准和划线基准，将影响较大的重要尺寸放在第（ ）安装位置。

A. 一　　B. 二　　C. 三　　D. 四

5. 关于千斤顶，下列说法错误的是（ ）。

A. 用来支承毛坯或形状不规则的工件进行立体划线

B. 其高度可以调节，以便找正工件位置

C. 通常是三个为一组

D. 千斤顶的高度不可调

6. 选择划线基准的基本原则是应尽可能使划线基准与（ ）重合。

A. 工艺基准　　B. 设计基准

C. 定位基准　　D. 装配基准

7. 选择划线基准时，下列错误的是（ ）。

A. 两个互相垂直的平面（或直线）　　B. 两条互相垂直的中心线

C. 两个互相平行的平面（或直线）　　D. 一个平面和一条中心线

8. 某套筒锻造毛坯的内、外圆偏心量较大，划线时应（ ）。

A. 以外圆找正划内孔加工线

B. 按内孔找正划外圆加工线

C. 内孔、外圆同时兼顾，采用借料的方法进行划线

D. 无法确定

## 四、名词解释

1. 划线

2．划线基准

3．设计基准

4．找正

5．借料

## 五、简答题

1．划线的作用有哪些?

2．选择划线基准的基本原则是什么？它有哪些好处?

3．划线前的准备工作有哪些?

4．划线基准的类型有哪些?

5．划线找正时应注意哪些问题?

六、应用题

1．在图 5–1 中标出平面划线基准。

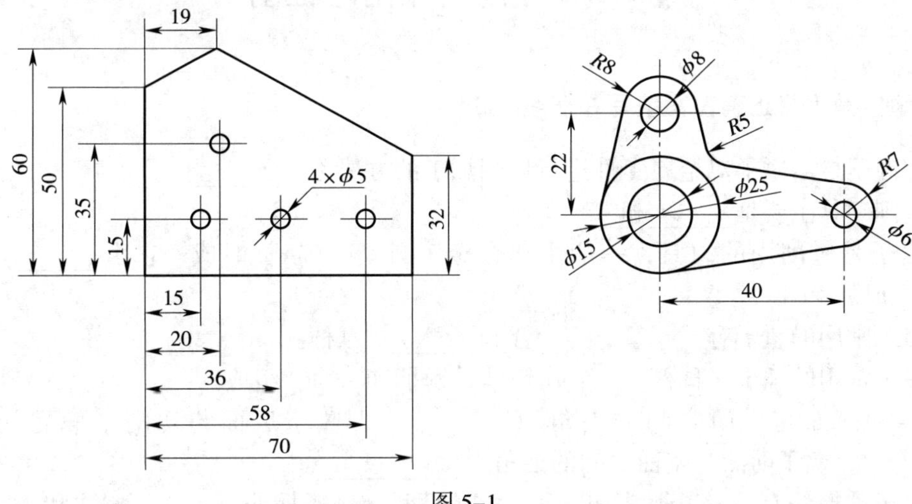


图 5–1

2．在图 5–2 中标出立体划线基准。

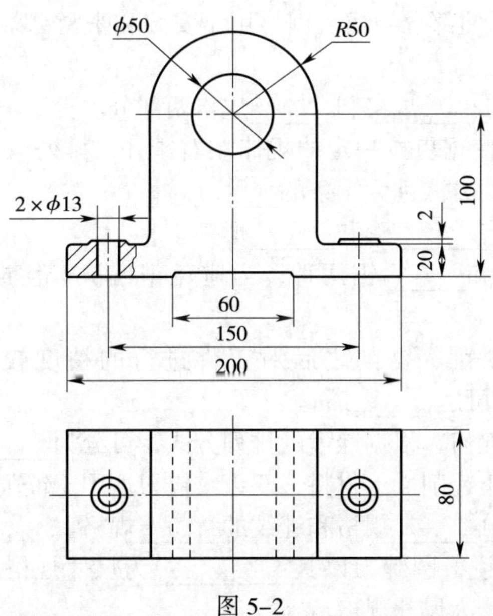


图 5–2

## §5-2　錾削、锯削与锉削

**一、填空题（将正确答案填写在横线上）**

1．用锤子打击錾子对金属工件进行切削加工的方法称为______。

2．錾削工具主要是______和______。

3．錾子是錾削用的刀具，一般用非合金工具钢（T7A）锻成，它由______、錾身及______组成。

4．钳工常用的錾子有____錾、____錾和______錾三种。

5．钳工常用的锤子又称榔头，它由锤体、锤柄和______组成。

6．錾子前面与后面之间的夹角为_________，錾子后面与切削平面之间的夹角为_________，錾子前面与基面之间的夹角为_________。

7．錾子的握法有______握法和______握法两种。锤子握法有______握法和______握法两种。挥锤有______挥、______挥和______挥三种方法。

8．用锯对材料或工件进行切断或切槽等的加工方法称为______。

9．手锯由锯弓和锯条两部分组成。锯弓用于安装和张紧锯条，有______式和______式两种。

10．锯条的规格包括______规格和______规格两部分。

11．在制造锯条时，使锯齿按一定的规律左右错开，排列成一定形状，将锯齿从锯条两侧凸出以提供锯削间隙的方法称为锯条的______。

12．锯条的分齿形式有______形和______形等。

13．起锯有______锯和______锯两种，为避免锯齿被卡住或崩裂，一般应尽量采用______锯。

14．锉削一般是在錾削、锯削之后对工件进行的精度较高的加工，其精度可达______mm，表面粗糙度值可达______μm。

15．锉刀面上有很多锉齿，根据锉齿的排列方式，可分为______和______两种。

16．单齿纹锉刀适用于锉削____材料，双齿纹锉刀适用于锉削____材料。

17．普通锉刀的规格分______规格和锉纹的______规格。

18．对于尺寸规格来说，圆锉刀以其_________为尺寸规格，方锉刀以其______为尺寸规格，其他锉刀以______为尺寸规格。

19．普通锉刀的粗细规格是根据锉刀每 10 mm 轴向长度内______的条数来划分的。

20．锉削时的速度一般为____次 /min 左右，速度太快，容易疲劳和加快锉齿的磨损。

## 二、判断题（正确的，在括号内打“√”；错误的，在括号内打“×”）

1．錾削是一种粗加工，一般按所划加工线进行加工，平面度可控制在 0.5 mm 之内。（ ）

2．扁錾主要用于錾削沟槽和分割曲线形板材。（ ）

3．錾子前角越小，錾削越省力。（ ）

4．錾子楔角越大，錾削越费力，錾削表面不易平整。（ ）

5．用手腕、肘和大臂一起挥锤，锤击力最大，常采用紧握法握锤。（ ）

6．錾子的前角、后角与楔角之和为 90°。（ ）

7．錾削时后角一般取 5°～8° 为宜。（ ）

8．当錾削距尽头约 10 mm 时，必须掉头錾去余下的部分，以防材料崩裂。（ ）

9．锯条的长度规格以两端销孔的中心距来表示，常用的锯条长度为 300 mm。（ ）

10．锯条的安装应正确，锯齿应朝后、锯条松紧要适当。（ ）

11．为避免锯齿被卡住或崩裂，一般应尽量采用近起锯。（ ）

12．一般来说细齿锉刀用于锉削铜、铝等软金属及加工余量大、精度低和表面粗糙度值较小的工件。（ ）

## 三、选择题（将正确答案的序号填写在括号内）

1．錾削中等硬度材料时，楔角取（ ）。

A．10°～30° B．30°～50°

C．50°～60° D．60°～70°

2．锤子用碳素工具钢制成，并经淬硬处理，其规格用锤体的（ ）表示。

A．长度 B．质量 C．体积 D．宽度

3．錾削时，錾子切入工件表面过深的原因是（ ）。

A．前角太大 B．楔角太大

C．后角太大 D．后角过小

4．锯条的粗细规格用（ ）mm 长度内的锯齿数或用齿距表示。

A．10 B．15 C．20 D．25

5．为防止锯条卡住或崩裂，起锯角一般小于（ ）。

A．15° B．25° C．35° D．40°

6．普通锉刀的粗细规格是根据锉刀每（ ）mm 轴向长度内主锉纹的条数来划分的。

A．10 B．15 C．20 D．25

7．锉削钢、铸铁以及加工余量小、精度要求高和表面粗糙度值较小的工件应选用（ ）锉刀。

A．粗齿 B．细齿 C．油光 D．三者都可

8．国家标准 GB/T 5806—2003 将普通锉刀的粗细规格划分为（ ）号。

A．1～3 B．1～4 C．1～5 D．1～10

9．在锉削过程中，锉刀必须始终保持平稳而不上下摆动，其推力主要由（ ）控制。

A．左手 B．右手 C．左右手 D．腹部

10．锉刀用碳素工具钢 T12、T13 或优质碳素工具钢 T12A、T13A 制成，经热处理后硬度达（　　）HRC。

A．42 ~ 52　　B．52 ~ 62　　C．62 ~ 72　　D．72 ~ 82

**四、简答题**

1．钳工常用的錾子分为哪几类？各有什么特点和用途？

2．什么是錾子的楔角？它对錾削有什么影响？

3．什么是錾子的后角？它对錾削有什么影响？

4．什么是錾子的前角？它对錾削有什么影响？

5．錾削时应注意哪些事项？

6．简述锯削的操作要点。

7．挥锤方法有哪几种？请简述其特点和应用。

8. 什么是锯条的分齿？分齿的目的是什么？

五、应用题

结合图 5–3 叙述锉削动作要领。

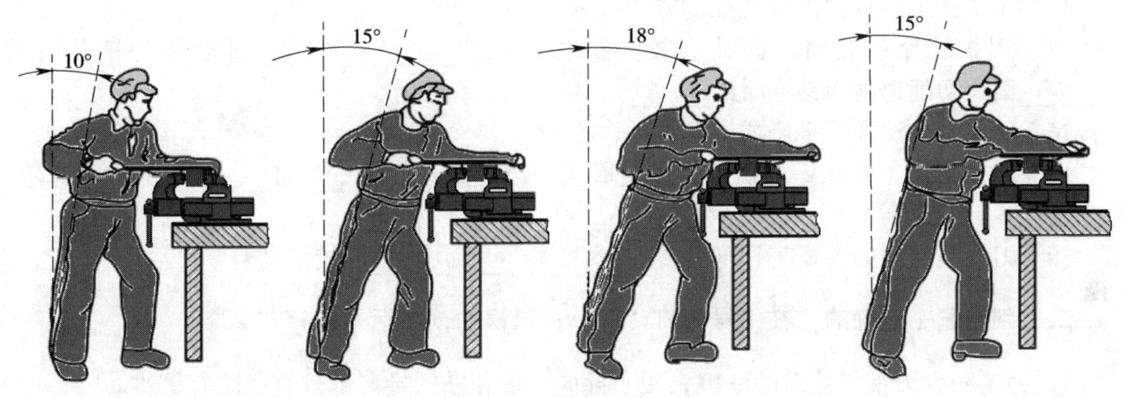


图 5–3

## §5–3 孔 加 工

一、填空题（将正确答案填写在横线上）

1. 钳工加工孔的方法主要有两类：一类是用麻花钻、中心钻等在______材料上加工出孔；另一类是用扩孔钻、锪钻或铰刀等对工件上________进行再加工。

2. 用钻头在实体材料上加工孔的方法称为______。

3. 在钻床上钻孔时，钻头的旋转是____运动，钻头沿轴向的移动是______运动。

4. 钳工常用的钻床有______钻床、______钻床和______钻床。

5. 标准麻花钻的切削部分由____刃、____面和____尖组成。

6. 钻柄是麻花钻的夹持部分，主要用来连接钻床主轴并________。

7. 麻花钻的钻体包括______部分和由两条刃带形成的______部分及空刀。

8. 麻花钻的主要几何角度有______角、______角、前角、后角、横刃斜角等。

9. 麻花钻不同直径处的螺旋角是不同的，外径处螺旋角______，越接近中心螺旋角______。

10．标准麻花钻外缘处的螺旋角通常为______。

11．标准麻花钻的顶角 $2\varphi=118°\pm2°$ 时，两主切削刃呈______；顶角 $2\varphi>118°$ 时，主切削刃呈______；顶角 $2\varphi<118°$ 时，主切削刃呈______。

12．由于麻花钻的前面是一个螺旋面，所以主切削刃上的前角大小是变化的，外缘处最大，可达______；自外向内逐渐减小，在钻心至______范围内为负值；横刃处的前角为______；接近横刃处的前角为______。

13．横刃斜角是指________与______在垂直于麻花钻轴线的平面上投影的夹角。

14．用扩孔工具扩大工件孔径的方法称为________。

15．用扩孔钻扩孔时，底孔直径为扩孔直径的__________倍，进给量为钻孔时的________倍，切削速度为钻孔时的______。

16．用锪削方法加工平底或锥形沉孔，称为______。

17．用铰刀从工件孔壁上切除微量金属层，以提高其________和________的加工方法，称为铰孔。

18．刀体是铰刀的主要工作部分，它包含______、______和校准部分。

**二、判断题（正确的，在括号内打“√”；错误的，在括号内打“×”）**

1．为了减少刃带与孔壁的摩擦，便于导向，麻花钻的导向部分直径略有倒锥。（　　）

2．麻花钻螺旋角增大则前角增大，有利于排屑，但钻头刚度下降。（　　）

3．麻花钻前角大小决定着切除材料的难易程度和切屑在前面上的摩擦阻力的大小，前角越小，切削越省力。（　　）

4．后角的作用是增大麻花钻后面与切削面间的摩擦。（　　）

5．对钻孔生产效率的影响，切削速度 $v_c$ 比进给量 $f$ 小；对孔的表面粗糙度的影响，进给量 $f$ 比切削速度 $v_c$ 小。（　　）

6．麻花钻横刃斜角的大小与前角有关。（　　）

7．由于扩孔时的切削条件优于钻孔，因此扩孔精度比钻孔精度高。（　　）

8．扩孔钻的切削刃比麻花钻切削刃多，扩孔时导向性好，切削也平稳。（　　）

9．铰刀是精度较高的多刃刀具，具有切削余量小、导向性好、加工精度高等特点。（　　）

10．铰刀齿数一般为 3 ~ 7 齿，为测量直径方便，多采用奇数齿。（　　）

11．螺旋槽铰刀的螺旋槽方向一般是左旋，以避免铰削时因铰刀顺时针转动而产生自动旋进现象。（　　）

12．铰孔时，不论进刀还是退刀可以反转。（　　）

13．铰孔完成后，要待铰刀退出后再停车，以防将孔壁拉出痕迹。（　　）

14．铰削尺寸较小的圆锥孔时，可先以小端直径钻出底孔，然后用锥铰刀铰削。（　　）

15．机铰时，应使工件一次装夹进行钻、扩、铰，以保证铰刀中心线与钻孔中心线同轴。（　　）

## 三、选择题（将正确答案的序号填写在括号内）

1．钻削时，一般尺寸精度只能达到（　　）。

A．IT8 ~ IT7　　B．IT9 ~ IT8

C．IT10 ~ IT9　　D．IT11 ~ IT10

2．麻花钻的导向部分直径略有倒锥，每 100 mm 长度上为（　　）mm。

A．0.02 ~ 0.12　　B．0.2 ~ 1.2

C．2 ~ 12　　D．0.25 ~ 0.5

3．麻花钻副切削刃（俗称刃带）上选定点的切线与包含该点及轴线组成的平面间的夹角称为（　　）。

A．螺旋角　　B．前角　　C．后角　　D．顶角

4．标准麻花钻的顶角为（　　）。

A．108°　　B．118°　　C．120°　　D．90°

5．标准麻花钻的横刃斜角为（　　）。

A．8° ~ 14°　　B．118°　　C．50° ~ 55°　　D．120°

6．一般整体式扩孔钻有（　　）个主切削刃。

A．2　　B．3 ~ 4　　C．4 ~ 5　　D．5 ~ 6

7．在实际生产中，常用麻花钻代替扩孔钻使用，一般用麻花钻扩孔时，底孔直径约为扩孔直径的（　　）倍。

A．0.7　　B．0.9　　C．1　　D．1.2

8．铰刀校准部分有圆柱刃带，主要起（　　）、修光孔壁、保证铰孔直径等作用。

A．切削　　B．引导　　C．定向　　D．扩孔

## 四、简答题

1．钻削加工有什么特点？

2．麻花钻由哪几部分组成？各部分的主要作用是什么？

3. 什么是麻花钻的螺旋角？麻花钻不同直径处的螺旋角是否相同？

4. 麻花钻的顶角对钻削有什么影响？

5. 麻花钻的前角对钻削有什么影响？前角取值有什么变化？

6. 钻削时如何选择切削用量？

7. 扩孔有什么特点？

8. 什么是铰孔？铰孔有什么特点？

9. 整体圆柱铰刀由哪几部分组成？各部分起什么作用？

10. 铰削余量为什么不能太大或太小？

**五、应用题**

在图 5-4 中标出麻花钻切削部分的名称。

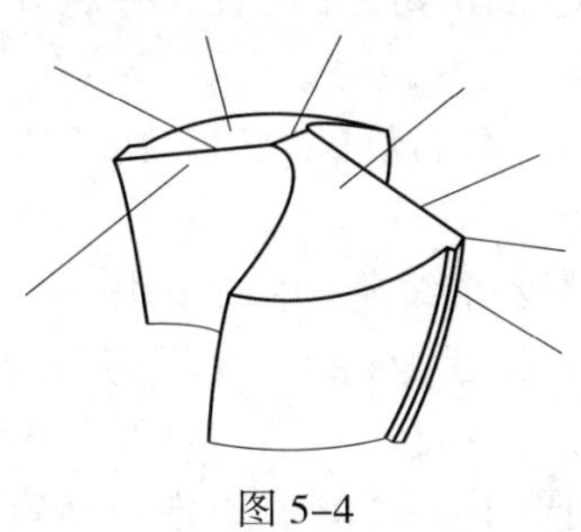

图 5-4

# §5-4 螺纹加工

**一、填空题（将正确答案填写在横线上）**

1. 用丝锥加工工件内螺纹的方法，称为________。

2. 丝锥是加工________的工具，它由________和工作部分组成，工作部分由________和________组成。

3. 丝锥工作部分前段为切削锥，起______和______作用；后段为______部分，可修整螺纹牙型。

4. 铰杠是手工攻螺纹时用来夹持________的工具，常用铰杠分普通铰杠和______铰杠两种。

5. 攻螺纹时，丝锥对金属层有较强的______作用，使攻出螺纹的小径小于底孔直径，因此攻螺纹之前的底孔直径应________螺纹小径。

6. 对于钢件或塑性较大材料，攻螺纹底孔直径的计算公式为____________。

7. 对于铸铁或塑性较小材料，攻螺纹底孔直径的计算公式为____________。

8. 攻盲孔螺纹时，由于丝锥切削部分有锥角，端部不能攻出完整的螺纹牙型，所以钻孔深度要______螺纹的有效长度。

9. 攻螺纹时，必须以______、______、______顺序攻削至标准尺寸。

10. 用板牙在圆杆上加工出外螺纹的方法称为________。

11. 套螺纹用的工具包括______和______。

12. 板牙用合金工具钢或高速钢制成，在板牙两端面处有带锥角的______部分，中间一段为具有完整牙型的______部分，因此正、反均可使用。

13. 套螺纹时，由于板牙牙齿对材料不但有______作用，还有挤压作用，其牙顶将被挤高，所以圆杆直径应______螺纹公称尺寸。

## 二、判断题（正确的，在括号内打“√”；错误的，在括号内打“×”）

1．为了减小丝锥牙侧的摩擦，在校准部分的直径上略有倒锥。（　）

2．按确定的攻螺纹的底孔直径和深度钻底孔，并将孔口倒角，倒角直径应稍大于螺纹公称直径。（　）

3．板牙正、反方向不可混用，套右旋螺纹时，由正方向旋入工件，套左旋螺纹时，由反方向旋入工件。（　）

4．当板牙切入 1 ~ 2 圈后，需要继续施加向下的压力。（　）

5．在套螺纹过程中，要经常反转 1/4 圈，使切屑断碎及时排屑，并加注适当切削液。（　）

6．套螺纹前应将圆杆顶端倒角 15° ~ 20°，以便板牙容易切入。（　）

## 三、选择题（将正确答案的序号填写在括号内）

1．在钢件上攻 M12 螺纹，其底孔直径应加工至（　）mm。

A．12　　B．11　　C．10.75　　D．10.25

2．攻螺纹所用的刀具是（　）。

A．内螺纹车刀　　B．板牙　　C．丝锥　　D．铰刀

3．套螺纹所用的刀具是（　）。

A．外螺纹车刀　　B．板牙　　C．丝锥　　D．铰刀

4．套 M10 螺纹前，圆杆直径应加工至（　）mm。

A．10　　B．9.8　　C．9　　D．8.5

## 四、简答题

1．简述手工攻螺纹的操作方法。

2．简述手工套螺纹的操作方法。

## 五、应用题

1．分别在钢件和铸铁件上攻制 M12 的内螺纹，若螺纹的有效长度为 35 mm，求攻螺纹前钻底孔钻头的直径及钻孔深度。

2．计算套 M12 螺纹时的圆杆直径。

# 第六章　车　　削

## §6–1　车　　床

### 一、填空题（将正确答案填写在横线上）

1．车削是指工件旋转做______运动、车刀做______运动的切削加工方法。

2．车床主轴右端有________用以安装卡盘等附件，内表面是______孔，用以安装顶尖。

3．车床的交换齿轮箱是将主轴的______运动传递给进给箱。

4．进给箱是改变________、传递__________的变速机构。它把交换齿轮箱传递过来的运动，经过变速后传递给______或______。

5．溜板箱装在床鞍的下面，是纵向、横向进给运动的______机构。通过溜板箱将光杠或丝杠的转动变为______的移动。

6．CA6140 型卧式车床的主运动是工件的______运动。

7．CA6140 型卧式车床的进给运动是______的移动。

8．主轴的回转运动从主轴箱经交换齿轮箱、进给箱传递给______或______，再由溜板箱将______或______的回转运动转变为滑板、刀架的______运动，使刀具做纵向或横向的进给运动。

9．车削的加工精度范围为__________，表面粗糙度值为__________μm。

### 二、判断题（正确的，在括号内打“√”；错误的，在括号内打“×”）

1．主轴箱固定在床身的左端，箱内装有主轴部件和进给运动变速机构。（　　）

2．交换齿轮箱是车床的进给变速机构。（　　）

3．溜板箱是改变进给量、传递进给运动的变速机构。（　　）

4．进给箱是纵向、横向进给运动的分配机构。（　　）

5．溜板箱内设有互锁装置，可限制光杠和丝杠只能单独运动。（　　）

6．尾座可安装顶尖，以支承较长工件；也可安装钻头或铰刀进行孔加工。（　　）

7．车床中的丝杠主要是在车削螺纹时传递运动，而光杠主要是在车外圆、锥体、端面等时传递运动。（　　）

8．在车床上只能进行车孔，不能进行铰孔。（　　）

9．在车床上只能加工旋转面，不能加工平面。（　　）

10．CA6140 型卧式车床的纵向进给速度共 64 级，横向进给速度共 32 级。（　　）

11．CA6140 型卧式车床的主轴具有 24 级正向转速和 24 级反向转速。（　　）

## 三、选择题（将正确答案的序号填写在括号内）

1．生产中应用最广泛的车床是（　　）。

A．仪表车床　　B．卧式车床

C．立式车床　　D．自动车床

2．支承主轴、带动工件做旋转运动的是（　　）。

A．主轴箱　　B．交换齿轮箱

C．进给箱　　D．溜板箱

3．车床进给传动系统的变速机构是（　　）。

A．主轴箱　　B．交换齿轮箱

C．进给箱　　D．溜板箱

## 四、简答题

1．CA6140 型卧式车床主要部件有哪些？

2．车床的进给箱有什么作用？

3．车床的溜板箱有什么作用？

4．在车床上可以加工哪些内容？

**五、应用题**

试确定图 6-1 中车削加工的内容名称。

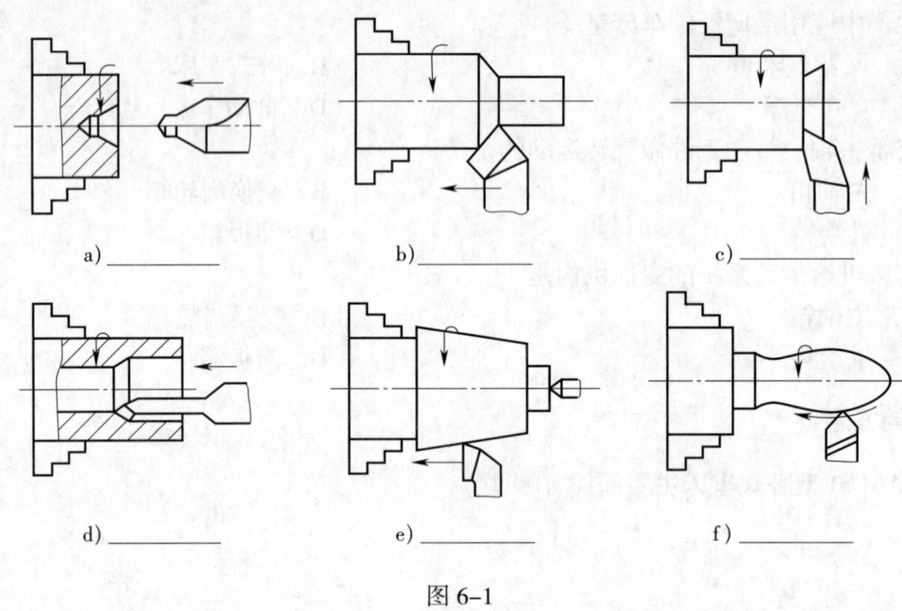


图 6-1

# §6-2　车床的工艺装备

**一、填空题（将正确答案填写在横线上）**

1．工艺装备简称“工装”，是指产品制造过程中所用的各种工具的总称，包括______、______、______、量具、检具、辅具、钳工工具和工位器具等。

2．用以装夹工件（和引导刀具）的装置称为______。

3．车床夹具有通用夹具和______夹具两类，常见的车床通用夹具有______、______、中心架、跟刀架、花盘等。

4．卡盘一般由________、________和卡爪驱动机构三部分组成。

5．三爪卡盘又称三爪________卡盘，四爪卡盘又称四爪______卡盘。

6．通用顶尖按结构可分为______顶尖和______顶尖；按安装位置可分为前顶尖和后顶尖，前顶尖总是______顶尖，后顶尖可以是______顶尖，也可以是______顶尖。

7．在车削细长轴时，由于工件______低，在背向力及工件的自重作用下，工件会发生弯曲变形，产生振动，车削后会使工件形成______、______的形状。

8．应用时，中心架应固定在车床______上，而跟刀架应固定在______上。

9．根据车刀的形状及车削加工内容，常用车刀有______车刀、______车刀、切断刀、内孔车刀、成形车刀和螺纹车刀等。

## 二、判断题（正确的，在括号内打“√”；错误的，在括号内打“×”）

1. 工艺装备的作用是保证加工质量、提高劳动生产率、改善劳动条件。（ ）
2. 三爪卡盘适合于装夹形状不规则的工件。（ ）
3. 四爪卡盘特别适合装夹形状不规则的工件，但装夹较慢，需要找正。（ ）
4. 前顶尖总是固定顶尖，后顶尖总是回转顶尖。（ ）
5. 拨盘与鸡心夹头的作用是当工件用两顶尖装夹时带动工件旋转。（ ）
6. 在车削细长轴时，常使用中心架或跟刀架作为辅助支承，以增大工件的刚度。（ ）
7. 跟刀架固定在车床导轨上，车削时不随刀架运动而移动。（ ）
8. 中心架固定在床鞍上，车削时随床鞍一起移动。（ ）

## 三、选择题（将正确答案的序号填写在括号内）

1. 特别适合装夹轴类、盘类和套类等工件的车床夹具是（ ）。

   A．三爪卡盘　B．四爪卡盘　C．顶尖　D．花盘

2. 特别适合装夹形状不规则工件的车床夹具是（ ）。

   A．三爪卡盘　B．四爪卡盘　C．跟刀架　D．顶尖

3. 加工细长的轴类工件时，（ ）方法可用于多次装夹，并且不会影响工件的定心精度。

   A．用车床主轴的卡盘和车床尾座上的后顶尖装夹工件

   B．工件的两端均用顶尖装夹定位，利用拨盘和鸡心夹头带动工件旋转

   C．用三爪卡盘装夹细长轴工件

   D．用四爪卡盘装夹细长轴工件

4. 适合车削工件的外圆、端面或进行45°倒角的车刀是（ ）。

   A．90°车刀　B．75°车刀　C．45°车刀　D．切断刀

5. 适合车削工件的圆弧面或成形面的车刀是（ ）。

   A．螺纹车刀　B．圆弧车刀　C．75°外圆车刀　D．切断刀

## 四、简答题

1. 什么是工装？工装的作用是什么？

2. 什么是夹具？常见的车床通用夹具有哪些？

3．三爪卡盘与四爪卡盘有什么区别？

4．车削细长轴类工件时，一般采用什么方法进行装夹？

5．中心架与跟刀架有什么区别？

## §6–3　车削工艺方法

**一、填空题（将正确答案填写在横线上）**

1．外圆车削是通过工件______和车刀做______进给运动来实现的。

2．根据车刀的几何形状、切削用量及精度要求，外圆车削可分为______、______、______和精细车。

3．半精车的目的是提高粗车后的表面______和______。

4．车端面时，刀尖必须保证与工件轴线______，否则端面中心会留下凸起的剩余材料。

5．车精度不高且宽度较窄的矩形槽时，可用刀宽等于______的切断刀，采用直进法一次进给车出。

6．车削较大的 V 形槽通常先车削成______，然后再用____形车刀左右切削成 V 形槽。

7．锥度是指圆锥大、小端______之差与长度之比，一般用比例或分数形式表示，如 1∶7 或 1/7。

8．车削圆锥必须满足的条件是：刀尖与工件轴线必须______；刀尖在进给运动中的轨迹是一直线，且该直线与工件轴线的夹角等于__________。

9．宽刃刀车圆锥面，实质上属于______法车削，即用______刀具对工件进行加工。

10．在车床上车削外圆锥的方法主要有宽刃刀车削法、____________、偏移尾座法和仿形（靠模）法四种。

11．用成形车刀或用车刀按______法或______法等车削工件的成形面称为车成形面。在车床上加工的成形面都是工件表面素线为______的回转面。

12．成形面的车削方法主要有________法、________法和________法。

13．双手控制法就是使用普通车刀，用双手控制________、________或者控制________与________的合成运动，使刀尖的运动轨迹与工件表面素线形状相吻合，从而实现成形面的车削。

14．成形法即样板刀车削法。样板车刀的切削刃形状与工件表面______形状吻合，车削成形面时，工件做______运动，样板车刀只做______进给运动。

15．刀具按照______进给对工件进行加工的方法称为仿形法。

16．加工螺纹时，必须保证正确的______、准确的______和中径。

17．螺纹车刀按其切削部分材质不同有________螺纹车刀和________螺纹车刀两种。

18．三角形螺纹车刀的刀尖角 $\varepsilon_r$ 等于______，正前角 $\gamma_p$ 一般为__________。

19．装夹螺纹车刀时，车刀刀尖应与车床主轴轴线______，螺纹车刀两刀尖半角的对称中心线应与工件轴线______。

20．常采用的螺纹车削方法有__________法和________法两种。

21．根据不同的加工情况，内孔车刀可分为______车刀和______车刀两种。

22．车孔的关键技术是解决内孔车刀的______和______问题。

23．增加内孔车刀刚度的方法，一是尽可能增加刀柄的_________，二是减小刀柄的________。

24．解决排屑问题主要是控制切屑______方向，精车孔时要求切屑流向________表面。

**二、判断题（正确的，在括号内打“√”；错误的，在括号内打“×”）**

1．半精车的目的是改变毛坯的不规则形状，提高生产效率。（ ）

2．为了防止床鞍因间隙或误操作发生纵向位移而影响端面的平面度，车端面时应锁定床鞍的位置。（ ）

3．用90° 偏刀车端面时，车刀由工件外缘向中心进给，若背吃刀量 $a_p$ 较大，切削抗力会使车刀扎入工件而形成凸面。（ ）

4．圆锥大、小端半径之差与长度之比为锥度。（ ）

5．宽刃刀车削法主要适用于较长圆锥面的精车工序。（ ）

6．转动小滑板法车圆锥适用于大批量生产。（ ）

7．偏移尾座法车圆锥适用于加工锥度小、锥体较长、精度不高的外圆锥。（ ）

8．偏移尾座法车圆锥适用于加工各种锥度的外圆锥。（ ）

9．靠模法不能车削较大圆锥角的工件，一般圆锥半角应小于12° 。（ ）

10．双手控制法车成形面适用于单件或数量较少的、精度要求不高的成形面工件车削。（ ）

11．用样板车刀车削成形面，加工质量稳定，但样板车刀制造成本高，宜用于成批生产。（ ）

12．硬质合金车刀的抗冲击能力比较好。（ ）

13．螺纹车削需要经过多次进刀和重复进给才能完成。螺距越大，进刀次数越多。（ ）

14．粗车螺纹第一刀、第二刀时，车刀刚切入工件，总切削面积不大，可以选择较大

的背吃刀量，以后每次进给的背吃刀量应逐步减小。 （ ）

15．开倒顺车法车螺纹只能用于车床丝杠螺距是工件螺纹螺距的整数倍时。 （ ）

16．盲孔车刀的主偏角大于 90°，一般 $\kappa_r$=92°～95°。 （ ）

17．盲孔车刀刀尖到刀柄外侧的距离 $a$ 应小于孔的半径 $R$，否则无法车平底孔的底面。 （ ）

18．刀柄伸出越长，内孔车刀刚度越低，容易引起振动。 （ ）

19．车削平底盲孔时，车刀刀尖应比工件中心高。 （ ）

## 三、选择题（将正确答案的序号填写在括号内）

1．粗车的目的是（ ）。

A．改变毛坯的不规则形状，提高生产效率

B．提高粗车后的表面精度和质量

C．保证尺寸和几何精度，尽量减少工艺系统变形

D．进一步提高加工质量

2．精细车常采用（ ）刀具。

A．高速钢　　B．硬质合金

C．金刚石　　D．陶瓷

3．使用硬质合金车刀时，车到中心处刀尖崩碎的原因是（ ）。

A．刀尖比工件轴线高　　B．车床转速过高

C．车削用量选用太大　　D．刀尖与工件轴线等高

4．锥度计算公式为（ ）。

A．$C=\frac{D}{L}$　　B．$C=\frac{d}{L}$　　C．$C=\frac{D-d}{L}$　　D．$C=\frac{R-r}{L}$

5．用宽刃刀车外圆锥面时，应取刃倾角 $\lambda_s$ 等于（ ）。

A．90°　　B．45°　　C．10°　　D．0°

6．内孔车刀的刀尖位于刀柄的（ ）时，其刀柄的截面积可达到最大程度。

A．上面　　B．中心线上

C．下面　　D．垂直线上

7．车削如图 6–2 所示工件（单件）的圆锥面，宜采用（ ）车削。

A．转动小滑板法　　B．偏移尾座法

C．靠模法　　D．宽刃刀车削法

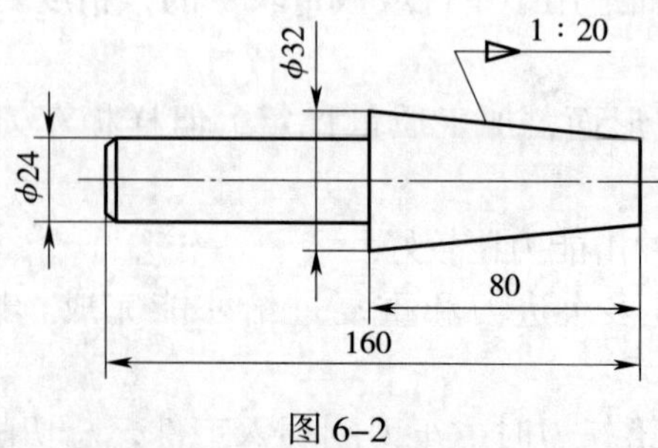


图 6–2

8．螺纹车刀刀尖角的平分线应与工件轴线（　　），装刀时可用对刀样板调整。

A．交错　　B．相交　　C．平行　　D．垂直

9．粗车时，为了切削顺利，三角形螺纹车刀的正前角可取得大一些，$\gamma_p$=（　　）。

A．0°～15°　　B．0°～5°

C．5°～15°　　D．15°～25°

10．精车时，为了减小对牙型角的影响，三角形螺纹车刀的正前角应取得小一些，$\gamma_p$=（　　）。

A．0°～15°　　B．0°～5°

C．5°～15°　　D．15°～25°

11．正前角 $\gamma_p$ 对牙型角的影响较大，$\gamma_p$ 越大，三角形螺纹车刀前面上的刀尖角 $\varepsilon_r'$ 就越小，当 $\gamma_p$=10°～15° 时，$\varepsilon_r'$ 约为（　　）。

A．30°　　B．45°　　C．59°　　D．60°

12．正前角 $\gamma_p$ 对牙型角的影响较大，$\gamma_p$ 越大，三角形螺纹车刀前面上的刀尖角 $\varepsilon_r'$ 就越小，当 $\gamma_p$=0° 时，$\varepsilon_r'=\varepsilon_r$=（　　）。

A．30°　　B．45°　　C．59°　　D．60°

## 四、简答题

1．外圆表面的一般车削步骤有哪些？各步骤的目的是什么？

2．车削圆锥必须满足哪些条件？在车床上车削外圆锥的方法主要有哪些？

3．成形面的车削方法主要有哪些？

4．如何装夹螺纹车刀？

5．常采用的螺纹车削方法有哪几种？应如何操作？

6．车孔的关键技术问题是什么？如何解决这些技术问题？

## 五、计算题

采用偏移尾座法车削图 6–3 所示零件的圆锥面。试问：

（1）该圆锥的最小圆锥直径 $d$ 为多少？圆锥角 $\alpha$ 为多大？

（2）尾座偏移量 $S$ 为多少？

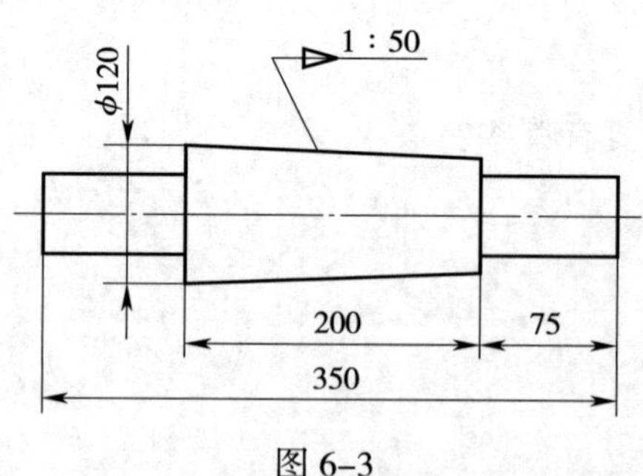


图 6–3

## 六、应用题

试分析图 6–4 所示台阶轴的车削工艺。

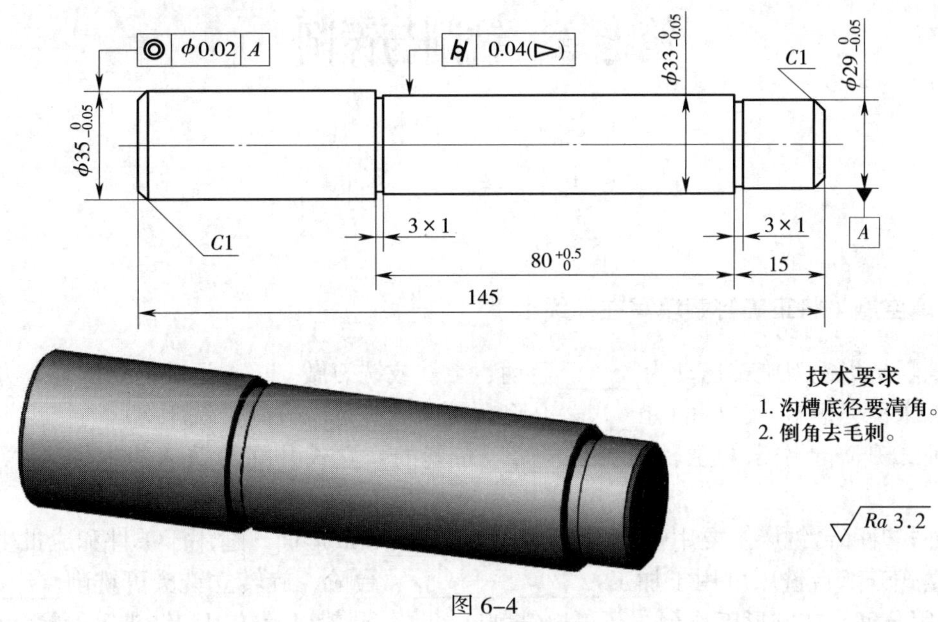


图 6–4

# 第七章　铣削与镗削

## §7-1　铣　　削

### 一、填空题（将正确答案填写在横线上）

1．铣削是指铣刀旋转运动为______运动、工件或铣刀做______运动的切削加工方法。

2．铣床种类很多，常用的有______升降台铣床、______升降台铣床等。

3．卧式升降台铣床的主轴位置是______布置的，立式升降台铣床的主轴是______安装的。

4．卧式升降台铣床主要用于加工______、______和成形面，适用于单件和成批生产。

5．立式升降台铣床可用于加工______、______、台阶，旋转立铣头可铣削______，若机床上采用分度头或圆形工作台，还可以铣削______、凸轮以及铰刀和钻头等的螺旋面。

6．铣床的经济加工精度一般为____________，表面粗糙度值一般为____________μm。

7．机用虎钳适合装夹以平面定位和夹紧的______零件、______零件以及轴类零件，常用于装夹小型工件。

8．回转工作台带有可转动的回转工作台台面，用以装夹工件并实现______和________。

9．外形尺寸较大或不便用机用虎钳装夹的工件，常用______及______将其压紧在铣床工作台面上进行装夹。

10．面铣刀盘安装于卧式铣床或立式铣床______端，用来安装面铣刀头，铣削______。

11．铣夹头安装于卧式铣床或立式铣床主轴端，用来安装____柄立铣刀、____柄键槽铣刀等，铣削各种沟槽等。

12．面铣刀的______表面和端面上分布有切削刃，常用于______铣床上加工平面。

13．键槽铣刀是专门加工键槽用的立铣刀，它与一般立铣刀的不同之处在于只有____个刀齿，以保证刀齿有足够的强度和较大的______空间。

14．圆柱铣刀用于______铣床上加工平面。刀齿分布在铣刀的______上，按齿形分为直齿和______齿两种。

15．三面刃铣刀除________具有主切削刃外，________也有副切削刃。

16．铣削用量的要素包括__________、进给量 $f$、背吃刀量 $a_p$ 和________。

17．铣削时铣刀切削刃上选定点相对于工件主运动的瞬时速度称________。

18．在机床动力和工艺系统刚度允许并具有合理的刀具寿命的条件下，粗铣时按铣削宽度 $a_e$（或背吃刀量 $a_p$）、________、__________的次序选择和确定铣削用量，以尽快地去除工件的加工余量。

19．根据铣刀在切削时切削刃与工件接触的位置不同，铣削方法分为______、______以及______与______同时进行的混合铣。

20．用分布在铣刀圆周面上的切削刃铣削并形成已加工表面，称为______。

21．根据铣刀切削部位产生的切削力与进给方向间的关系，周铣有______和______两种方式。

22．在铣刀与工件已加工面的切点处，铣刀旋转切削刃的运动方向与工件进给方向相同的铣削称为______。

23．在铣刀与工件已加工面的切点处，铣刀旋转切削刃的运动方向与工件进给方向相反的铣削称为______。

24．端面铣削有对称__________、____________、__________三种方式。

25．铣水平面时可在卧式铣床上用______铣刀来铣削，也可在立式铣床上用______铣刀来铣削。

26．可在卧式铣床上用______铣刀铣直槽，也可在立式铣床上用______铣刀铣直槽。

27．铣T形槽时，必须先用立铣刀或三面刃圆盘铣刀铣出______，然后在立式铣床上用________铣刀铣出T形槽。

28．对于螺杆、螺旋齿轮等具有螺旋槽的零件，铣螺旋槽时需在卧式铣床上利用__________进行铣削。

29．铣削由水平面、垂直面或斜面所组成的表面时，大型工件可在______铣床上加工，小型工件则用组合铣刀或成形铣刀在______铣床上加工。

**二、判断题（正确的，在括号内打“√”；错误的，在括号内打“×”）**

1．万能升降台铣床的结构与一般卧式升降台铣床的结构完全相同。（ ）

2．在铣床上可以铣削水平面、垂直面，但不能铣削斜面。（ ）

3．铣削时，切削力是恒定的，不会产生冲击或振动。（ ）

4．立铣刀的刀齿分布在圆柱面上，端面上没有刀齿，所以不能用立铣刀铣削孔。（ ）

5．圆柱铣刀的刀齿分布在铣刀的圆周上，所以一般用于卧式铣床上加工平面。（ ）

6．铣刀每回转一周，在进给运动方向上相对于工件的位移量称为进给量。（ ）

7．铣削宽度是指在垂直于铣刀轴线方向、工件进给方向上测得的切削层尺寸。（ ）

8．端铣时铣刀的旋转轴线与工件被加工表面平行。（ ）

9．周铣时铣刀的旋转轴线与工件被加工表面垂直。（ ）

10．周铣的工件表面没有波纹状残留面积。（ ）

11．端铣的加工质量和生产效率较高，所以铣削平面大多采用端铣。（ ）

12．顺铣有利于提高刀具寿命和工件表面质量，以及增加工件夹持的稳定性，但容易引起工作台向前窜动，造成进给量突然增大，甚至引起打刀。（ ）

13．逆铣时水平分力与进给方向相反，不会引起工作台的窜动而造成打刀事故，故在生产中多采用逆铣方式。（ ）

14．当工件表面无硬皮、机床进给机构无间隙时，应选用逆铣，按照逆铣安排进给路线。（ ）

15．当工件表面有硬皮、机床进给机构有间隙时，应选用顺铣，按照顺铣安排进给路线。（　　）

16．在立式铣床上用面铣刀铣水平面时，铣削比较平稳，可降低表面粗糙度值，因此最好在立式铣床上用面铣刀铣水平面。（　　）

17．键槽铣刀可以用来铣削半圆键槽。（　　）

18．逆铣时容易引起打刀事故。（　　）

**三、选择题（将正确答案的序号填写在括号内）**

1．在卧式铣床上铣削工件时的主运动是（　　）。

A．铣刀的旋转

B．升降台沿垂直导轨的上下移动

C．工作台沿垂直于主轴轴线方向（纵向）移动

D．床鞍沿平行于主轴轴线方向（横向）移动

2．V 形架与压板配合使用，主要用于在铣床工作台面上安装（　　）类工件。

A．平面　　B．箱体　　C．轴　　D．板

3．万能铣头主要应用在（　　）铣床上。

A．龙门　　B．卧式　　C．立式　　D．立式数控

4．键槽铣刀与一般立铣刀的不同之处在于（　　）。

A．刀齿仅分布在圆周上　　B．刀齿仅分布在端面上

C．只有两个刀齿　　D．键槽铣刀的刀齿数比立铣刀多

5．在平行于铣刀轴线方向上测得的切削层尺寸称为（　　）。

A．铣削速度　　B．进给量　　C．铣削宽度　　D．背吃刀量

6．在机床动力和工艺系统刚度允许并具有合理的刀具寿命的条件下，粗铣时按（　　）的次序选择和确定铣削用量，以尽快地去除工件的加工余量。

A．铣削宽度（或背吃刀量）→进给量→铣削速度

B．铣削速度→进给量→铣削宽度（或背吃刀量）

C．进给量→铣削速度→铣削宽度（或背吃刀量）

D．进给量→铣削宽度（或背吃刀量）→铣削速度

7．铣削水平面大多采用（　　）。

A．端铣　　B．周铣　　C．混合铣

8．机床进给机构的间隙对（　　）影响较大。

A．顺铣　　B．逆铣

9．由于数控铣床的传动机构采用了滚珠丝杠，机构间隙较小，应按照（　　）安排进给路线。

A．顺铣　　B．逆铣

10．铣削强度低、塑性大的材料应选用（　　）。

A．对称铣削　　B．不对称逆铣　　C．不对称顺铣

11．在卧式铣床上切断工件，一般选用（　　）。

A．面铣刀　　B．圆柱铣刀　　C．立铣刀　　D．锯片铣刀

## 四、名词解释

1．铣削速度

2．铣削宽度

3．周铣

4．端铣

5．混合铣

6．顺铣

7．逆铣

## 五、简答题

1．简述铣床的加工范围。

2．万能分度头有什么用途？

3．回转工作台有什么用途？

4．万能铣头有什么用途？

5．立铣刀有什么用途？

6．键槽铣刀有什么用途？

7．铣削用量的选择原则有哪些？

8．周铣与端铣有什么区别？

9．与周铣相比，端铣具有哪些优点？

10．顺铣与逆铣有什么区别？

11．如何选用顺铣和逆铣？

12．端面铣削有哪几种方式？各有什么特点？

## 六、应用题

1．试确定图 7–1 中铣削加工的内容名称。

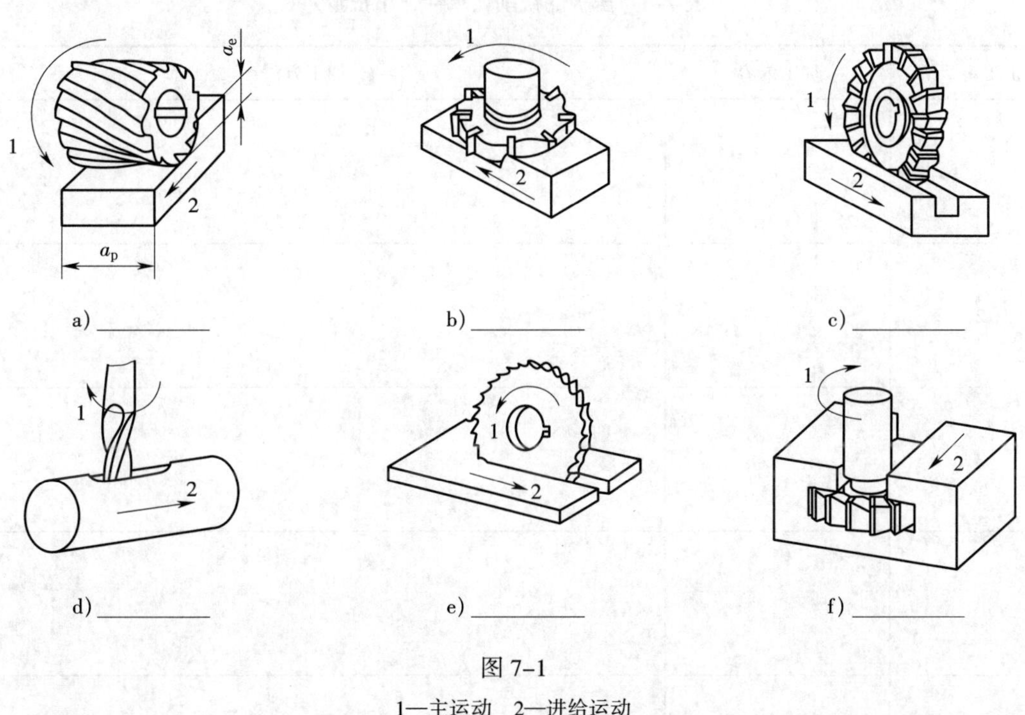


图 7–1

1—主运动　2—进给运动

2．根据图 7–2 所示压板零件图，试制定其铣削工艺，填入表 7–1 中。

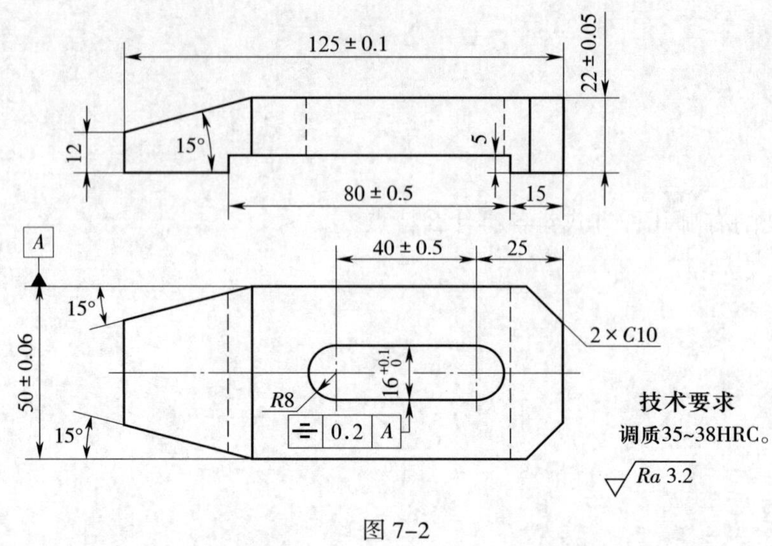


图 7–2

**表 7–1　压板的铣削（单件、小批量）**

| 加工步骤 | 加工内容 | 加工方法 |
| --- | --- | --- |
| 1 | | |
| 2 | | |
| 3 | | |
| 4 | | |
| 5 | | |
| 6 | | |

## §7–2 镗　　削

**一、填空题（将正确答案填写在横线上）**

1. 镗削是指镗刀的旋转做______运动、工件或镗刀移动做______运动的切削加工方法。

2. 坐标镗床是一种高精度机床，主要用于对尺寸精度及位置精度要求很高的______进行加工。

3. 坐标镗床的工艺范围很广，除镗孔、______、______、______、精铣平面、加工沟槽外，还可进行精密______、______及孔距和直线尺寸的精密测量等工作。

4. 坐标镗床的类型很多，按其布局形式分为______、______和______三种类型。

5. 镗轴______布置并可轴向进给，主轴箱沿前立柱导轨______移动，能进行铣削的镗床称为卧式铣镗床。

6. 镗削主要用于加工箱体、支架和机座等工件上的______孔、______孔、孔内沟槽和端面，当采用特殊附件时，也可加工________、锥孔等。

7. 镗刀的种类很多，按切削刃数量可分为______镗刀与______镗刀两大类。

8. 单刃镗刀可分为________镗刀和________镗刀两种。

9. 双刃镗刀的特点是具有两个对称分布的切削刃，工作时可以消除______误差，从而提高镗孔精度。

10. 双刃镗刀可分为________镗刀和________镗刀两类。

11. 按照镗杆上切削力作用点的位置，镗削加工方法分为______镗削法和________镗削法。

**二、判断题（正确的，在括号内打“√”；错误的，在括号内打“×”）**

1. 由于坐标镗床主要零部件的制造和装配精度高，并具有良好的刚度和抗振性，因此，它所加工的孔精度很高，并可得到很高的位置精度。（　　）

2. 在镗床上不能进行钻孔加工。（　　）

3. 在坐标镗床上只能进行孔系加工，不能加工零件端面。（　　）

4. 单刃镗刀切削部分的形状与车刀相似，这种刀的特点是只有一个主切削刃，刚度较低。（　　）

5. 双刃镗刀结构较为复杂，制造比较困难，一般适用于生产批量较大的、精度较高的孔的加工。（　　）

6. 悬臂镗削法加工时，最好不采用刀具旋转且进给的方式，否则会造成所加工同轴孔的同轴度误差较大，且较远距离孔的圆柱度误差也较大。（　　）

7. 双支承镗削法适用于加工长轴孔或孔距较长的同轴孔系。（　　）

## 三、选择题（将正确答案的序号填写在括号内）

1．镗削时的主运动为（　　）。

A．工件的旋转运动　　B．镗刀的旋转运动

C．工件的移动　　D．镗刀的移动

2．镗刀最常用的场合就是加工（　　）。

A．内孔　　B．外圆　　C．端面　　D．外锥

3．固定式双刃镗刀可采用较大的进给量，切削效率较高，所以常用来粗镗（　　）mm 以上直径的孔。

A．10　　B．20　　C．30　　D．40

4．镗孔不能在（　　）机床上进行。

A．镗床　　B．车床　　C．铣床　　D．刨床

## 四、简答题

1．坐标镗床有什么特点？

2．卧式铣镗床能完成哪些工作？

3．简述镗削的加工范围。

4．按照镗杆上切削力作用点的位置，镗削加工方法分为哪几种？各适合加工哪些内容？

# 第八章 磨 削

## §8-1 磨 床

一、填空题（将正确答案填写在横线上）

1．用磨具以较高的＿＿＿＿＿对工件表面进行加工的方法称为磨削。

2．磨床是用＿＿＿或＿＿＿加工工件各种表面的机床，其种类很多，目前生产中应用最多的是＿＿＿磨床、＿＿＿磨床、平面磨床、无心磨床和工具磨床等。

3．外圆磨床是主要用于磨削＿＿＿＿和圆锥形外表面的磨床。一般工件装夹在＿＿＿和＿＿＿之间进行磨削。

4．万能外圆磨床主要由床身、＿＿＿＿、＿＿＿＿、工作台、尾座、内圆磨头等部件组成。

5．内圆磨床是主要用于磨削＿＿＿和＿＿＿内表面的磨床。

6．平面磨床是主要用于磨削工件＿＿＿＿的磨床。常用的平面磨床按其砂轮轴线位置和工作台的结构特点，可分为＿＿＿＿＿平面磨床、＿＿＿＿＿平面磨床、＿＿＿＿＿平面磨床、＿＿＿＿＿平面磨床等几种类型。

7．磨削可获得很高的加工精度，其经济加工精度为＿＿＿＿＿；磨削可获得很小的表面粗糙度值（$Ra0.8 \sim 0.2\ \mu m$），因此磨削被广泛用于工件的精加工。

二、判断题（正确的，在括号内打“√”；错误的，在括号内打“×”）

1．万能外圆磨床的头架可绕垂直轴线顺时针回转 $0° \sim 90°$。（ ）

2．万能外圆磨床的砂轮架可绕垂直轴线回转 $-30° \sim 30°$。（ ）

3．磨削外圆时的主运动为磨头磨具（砂轮）的回转运动，磨削内圆时的主运动为砂轮的回转运动。（ ）

三、选择题（将正确答案的序号填写在括号内）

1．下列不属于磨削进给运动的是（ ）。

A．砂轮的轴向、径向移动　　B．工件的回转运动

C．砂轮的回转运动　　D．工件的纵向、横向移动

2．万能外圆磨床头架可绕垂直轴线逆时针回转（ ）。

A．$-10° \sim 90°$　　B．$0° \sim 90°$

C．$0° \sim 180°$　　D．$90° \sim 180°$

3．万能外圆磨床的工作台由上、下两层组成，上层可绕下层中心线在水平面内顺

（逆）时针回转（　　），以便磨削小锥角的长圆锥工件。

A．3°　　B．10°　　C．20°　　D．45°

4．磨削时，砂轮高速回转，具有很高的（　　）速度。

A．进给　　B．纵向进给

C．圆周　　D．横向进给

5．磨削可获得很高的加工精度，其经济加工精度为（　　）。

A．IT10 ~ IT9　　B．IT9 ~ IT8

C．IT8 ~ IT7　　D．IT7 ~ IT6

**四、简答题**

1．简述万能外圆磨床的主运动与进给运动。

2．简述 M7120A 型平面磨床的主运动与进给运动。

3．磨床具有哪些功用?

## §8-2　砂　　轮

**一、填空题（将正确答案填写在横线上）**

1．砂轮是用各种类型的________把磨料结合起来，经压坯、干燥、烧制及车整而成的磨削工具，因此，砂轮由__________、__________、__________三部分组成。

2．砂轮的特性由磨料、________、________、________、结合剂、形状和尺寸、强度（最高工作速度）七个要素来衡量。

3．磨具（砂轮）中__________的材料称为磨料；表示磨料颗粒尺寸大小的参数称为__________。

4．砂轮的主要成分为__________，是砂轮产生切削作用的根本要素。

5．制造砂轮的磨料，按成分一般分为__________、__________和__________三类。

6．砂轮的________是指结合剂黏结磨料颗粒的牢固程度，它表示砂轮在外力（磨削抗力）作用下磨料颗粒从砂轮表面脱落的______程度。

7．磨粒容易脱落的砂轮硬度低，称为______砂轮；磨粒不容易脱落的砂轮硬度高，称为______砂轮。

8．砂轮的组织是指砂轮的____________疏密程度。

9．砂轮组织分成三大类共15级，可用数字标记，通常为________；数字越大，表示组织越________。

10．结合剂是用来将分散的______颗粒黏结成具有一定形状和足够强度的磨具的材料。

11．砂轮的强度是指在__________力作用下，砂轮抵抗__________的能力。

12．砂轮回转时产生的惯性力，与砂轮的__________速度的平方成正比。

13．砂轮（磨具）的标记由________名称、______号、形状型号、尺寸以及砂轮特性标记组成。

## 二、判断题（正确的，在括号内打“√”；错误的，在括号内打“×”）

1．粒度的选择主要根据加工的表面粗糙度要求和加工材料的力学性能。（　　）

2．极细粒度一般用于超精磨削。（　　）

3．通常磨削硬度高的材料应选用硬砂轮，以保证磨钝的磨粒能及时脱落。（　　）

4．磨削硬度低的材料应选用硬砂轮，以充分发挥磨粒的切削作用。（　　）

5．精磨或磨削质硬、脆性的材料可选用中粒度。（　　）

6．砂轮的硬度由软至硬按A、B、…、Y（I、O、U、V、W、X除外）共分19级。（　　）

7．砂轮组织分成三大类共15级，可用数字标记，通常为1～15。（　　）

8．砂轮的硬度与磨料的硬度是两个相同的概念。（　　）

9．砂轮回转时产生的惯性力与砂轮的圆周速度的平方成反比。（　　）

10．砂轮的强度通常用最高工作速度表示。（　　）

## 三、选择题（将正确答案的序号填写在括号内）

1．下列不是砂轮的硬度等级代号的是（　　）。

A．B　　B．E　　C．T　　D．U

2．半精磨一般选用（　　）磨料。

A．粗粒度　　B．中粒度

C．细粒度　　D．极细粒度

3．下列不属于磨料性质的是（　　）。

A．极高的硬度

B．具有极高的耐磨性和耐热性

C．相当的韧性和化学稳定性

D．具有很好的力学性能

4．微粉 F500 属于（　　）。

A．粗粒度　　B．中粒度

C．细粒度　　D．极细粒度

5．磨料的硬度，由高到低的排列次序为（　　）。

A．氧化物、碳化物、金刚石

B．碳化物、金刚石、氧化物

C．金刚石、氧化物、碳化物

D．金刚石、碳化物、氧化物

6．粒度的选用主要根据（　　）和加工材料的力学性能。

A．加工的表面粗糙度要求

B．加工材料的耐热性

C．加工工件的尺寸大小

D．加工材料的耐磨性

7．磨削质软、塑性大的材料时可选用（　　）。

A．粗粒度　　B．中粒度

C．细粒度　　D．极细粒度

8．砂轮与工件接触面积大时可选用（　　）的砂轮的组织。

A．紧密　　B．中等　　C．疏松　　D．三者都可

9．B 级砂轮的硬度属于（　　）。

A．极软　　B．中级　　C．硬　　D．极硬

10．R 为（　　）结合剂代号。

A．陶瓷　　B．橡胶　　C．塑料　　D．增强橡胶

11．表示磨料颗粒尺寸大小的参数称为（　　）。

A．磨料　　B．粒度　　C．硬度　　D．组织

## 四、简答题

1．砂轮的特性用哪些要素来衡量？

2．固结磨具的标记内容有哪些？

**五、应用题**

解释下面固结磨具标记中各符号的含义。

平形砂轮 GB/T 2485 1 N–300 × 50 × 76.2（X 17 V 60）–…A /F80 L5 V–50 m/s

## §8–3 磨削方法

**一、填空题（将正确答案填写在横线上）**

1．外圆磨削方法主要有________磨削法、________磨削法、________磨削法和________磨削法。

2．磨外圆时常用的工件装夹方法有________________、________________和________________三种。

3．在万能外圆磨床上磨内圆的方法有__________________和__________________。

4．在外圆磨床上磨外圆锥的方法有______________________、______________________和______________________三种。

5．平面磨削方法主要有______________、_____________及_____________三种。

6．平面磨削时一般采用_____________紧固工件。

7．电磁吸盘是根据_____________制成的，它有矩形和圆形两种。

8．周边磨削又称圆周磨削，是用砂轮________面进行磨削的。

**二、判断题（正确的，在括号内打“√”；错误的，在括号内打“×”）**

1．两顶尖装夹工件的方法可避免磨削时因顶尖摆动而影响工件的精度。（　　）

2．综合磨削法是横向磨削法与纵向磨削法的综合。（　　）

3．深度磨削法中，台阶的数量及深度按磨削余量的大小和工件的长度确定。（　　）

4．内圆磨削是常用的内孔精加工方法。（　　）

5．内圆磨削可以加工工件上的通孔、盲孔、台阶孔，但不能加工工件的端面。（　　）

6．横向磨削法磨内圆工件不仅可以做横向进给运动还可以做圆周进给运动。（　　）

7．转动工作台磨外圆锥的方法，适用于锥度不大的长圆锥工件。（　　）

8. 转动头架磨外圆锥的方法，适用于锥度较大而长度较短的工件。（ ）

9. 转动砂轮架磨外圆锥的方法，适用于锥度较大且长度较长的工件，工件须用两顶尖装夹。（ ）

10. 深度磨削法磨平面生产效率高，但磨削时横向进给量不能过大。（ ）

## 三、选择题（将正确答案的序号填写在括号内）

1.（ ）不是磨外圆时工件的常用装夹方法。

A. 两顶尖装夹　B. 三爪自定心卡盘装夹

C. 四爪单动卡盘装夹　D. 一夹一顶装夹

2. 磨削没有中心孔的圆柱形工件时一般采用（ ）装夹。

A. 两顶尖　B. 三爪自定心卡盘

C. 四爪单动卡盘　D. 一夹一顶

3. 磨削外形不规则的工件时一般用（ ）装夹。

A. 两顶尖　B. 三爪自定心卡盘

C. 四爪单动卡盘　D. 一夹一顶

4. 磨外圆时应用最为普遍的工件装夹方法有（ ）装夹工件的方法。

A. 两顶尖　B. 三爪自定心卡盘

C. 四爪单动卡盘　D. 一夹一顶

5. 受砂轮（ ）的限制，横向磨削法只适用于磨削长度较短的外圆及不能用纵向进给的场合。

A. 直径　B. 半径　C. 宽度　D. 厚度

6. 用转动工作台法磨外圆锥时，从圆锥（ ）开始试磨。

A. 末端　B. 大端　C. 中间　D. 小端

7. 磨削锥度较大而长度较短的工件时用（ ）。

A. 转动工作台法　B. 转动头架法

C. 转动砂轮架法　D. 三者皆可

8. 用转动砂轮架法磨外圆锥时，如果锥面的素线长度（ ）砂轮厚度，则需要用分段接刀的方法进行磨削。

A. 大于　B. 小于　C. 等于　D. 小于等于

## 四、简答题

1. 使用电磁吸盘装夹工件有哪些特点？

2．平面磨削方式有哪几种？有什么区别？

3．平面磨削方法有哪几种？各适用于什么工作场合？

# 第九章　刨削、插削和拉削

## §9-1　刨　　削

**一、填空题（将正确答案填写在横线上）**

1．用刨刀对工件做______相对直线往复运动的切削加工方法称为刨削。

2．刨床分为______刨床、______刨床（包括悬臂刨床）两大类。

3．牛头刨床主要由______、______、______、______、刀架、工作台等主要部件组成。

4．牛头刨床床身的______和______分别有水平导轨和垂直导轨。滑枕连同刀架可沿______导轨做直线往复运动；横梁连同工作台可沿______导轨实现升降。

5．牛头刨床刀架上的________在刨刀回程时抬起，以防擦伤工件和减小刀具的磨损。

6．牛头刨床的主运动为________的直线往复运动。电动机的回转运动经带传动机构传递到床身内的变速机构，然后由__________机构将回转运动转换成滑枕的直线往复运动。

7．牛头刨床的进给运动包括工作台的______移动和______的垂直或斜向移动。

8．牛头刨床工作台的横向进给由________机构带动横向运动丝杠间歇转动实现。

9．龙门刨床主要由床身、______、立柱、______、______、横梁、顶梁等组成。

10．在龙门刨床刨削时，主运动是工作台带动______的直线往复运动，而进给运动是______的横向或垂直间歇移动，这与牛头刨床的运动相反。

11．在刨床上可以刨______、______和______等。

12．为避免刨削时因扎刀而造成工件报废，刨刀常制成______形式。而______刨刀则一般用于粗加工。

13．刨水平面时，进给运动由________横向移动完成，背吃刀量由______控制。

14．刨T形槽需用______刀、______刀和______刀，按划线依次刨直槽、两侧横槽和倒角。

15．刨削的加工精度通常为________，表面粗糙度值为________μm；采用宽刃刀精刨时，加工精度可达________，表面粗糙度值可达________μm。

**二、判断题（正确的，在括号内打“√”；错误的，在括号内打“×”）**

1．在牛头刨床上刨平面，工件的往复直线运动为主运动；而在龙门刨床上刨平面，刀具的直线往复运动为主运动。（　　）

2．在刨床上可以刨水平面和垂直面，但不能刨斜面。（　　）

3．弯颈刨刀不易扎刀，一般用于精加工；直杆刨刀容易扎刀，一般用于粗加工。（　　）

4．刨刀一般采用两侧刀刃对称的尖头刀，以便于双向进给，减少刀具的磨损和节省辅助时间。（　　）

## 三、选择题（将正确答案的序号填写在括号内）

1．牛头刨床的主运动为（　　）。

A．刨刀的垂直（或斜向）移动　　B．工作台的横向移动

C．滑枕带动刀架（刨刀）的直线往复运动　　D．工作台的上下移动

2．龙门刨床的主运动为（　　）。

A．工作台带动工件的直线往复运动　　B．刨刀的横向间歇移动

C．刨刀的垂直间歇移动　　D．垂直刀架在横梁上的移动

3．在龙门刨床上刨较大的板类零件时，一般采用（　　）装夹工件。

A．机用虎钳　　B．压板

C．V 形块　　D．电磁吸盘

4．刨削加工时，刨刀对工件的切削是（　　）。

A．持续的，无冲击　　B．持续的，有冲击

C．断续的，无冲击　　D．断续的，有冲击

## 四、简答题

1．简述牛头刨床的主运动与进给运动。

2．刨刀装夹的要点有哪些？

3．刨斜面的方法有哪些？

4．如何刨 V 形槽？

## §9-2 插 削

一、填空题（将正确答案填写在横线上）

1．用插刀对工件做______相对直线往复运动的切削加工方法称为插削，插削相当于立式刨削。

2．插床主要由床身、______机构、______机构、立柱、滑枕、圆工作台、上滑座、下滑座等组成。

3．插床的主运动是_______的垂直直线往复运动。进给运动是_______和_______的水平纵向和横向移动，以及圆工作台的_______运动。

4．刨削是以加工工件____表面上的平面、沟槽为主；而插削是以加工工件____表面上的平面、沟槽为主。

5．常用的_____插刀主要用于粗插或插削多边形孔，______插刀主要用于精插或插削直角沟槽。

6．键槽插削一般应分为______和______，以保证键槽的尺寸精度和键槽对工件孔轴线的_______要求。

7．插花键孔的方法与插键槽的方法大致相同。不同的是花键各键槽除应保证两侧面对轴平面的______外，还需要保证在孔的圆周上均匀分布，即______性。

二、判断题（正确的，在括号内打“√”；错误的，在括号内打“×”）

1．插床的结构原理与牛头刨床相似，可视为立式刨床。（ ）

2．刨削是在水平方向进行切削的，而插削是在铅垂方向进行切削的。（ ）

3．在插床上可以插削轴上的外花键，但不能插削套上的内花键。（ ）

4．与刨刀相比，插刀的前面与后面位置对调，为了避免刀杆与工件已加工表面碰撞，其主切削刃偏离刀杆正面。（ ）

5．除键槽、型孔以外，插削还可以加工圆柱齿轮和凸轮等。（ ）

三、选择题（将正确答案的序号填写在括号内）

1．单件、小批量孔内单键槽零件多采用（ ）加工。

A．牛头刨床 B．龙门刨床 C．插床 D．拉床

2．插刀的前角一般是（ ）。

A．$-5° \sim 5°$ B．$-12° \sim 12°$

C．$0° \sim 12°$ D．$10° \sim 20°$

3．插刀的后角一般是（ ）。

A．$-5° \sim 5°$ B．$4° \sim 8°$

C．$0° \sim 12°$ D．$10° \sim 20°$

4．用 90° 角度刀头插削较大的方孔时，按（ ）的顺序进行。

A．第一边→第二边→第三边（对边）→第四边

B．第一边→第三边（对边）→第二边→第四边

C．第一边→第四边→第三边（对边）→第二边

D．第一边→第四边→第二边→第三边（对边）

5．插削的经济加工精度为（　　）。

A．IT13～IT11　　B．IT11～IT9

C．IT9～IT7　　D．IT7～IT6

**四、简答题**

1．插削与刨削有什么不同？

2．如何插削方孔？

## §9-3　拉　　削

**一、填空题（将正确答案填写在横线上）**

1．用______加工工件内、外表面的方法称为拉削。

2．拉削时工作拉力较大，所以拉床一般采用______传动。

3．拉刀由柄部、________、________、________、________等部分组成。

4．拉刀的______用来引导拉刀切削部分进入工作位置（如工件孔内），防止拉刀歪斜。

5．拉刀的切削部由许多刀齿组成，包括______齿和______齿，后排刀齿比前排刀齿分别高出一个齿升量，齿升量一般为__________mm。

6．拉刀的校准部起______和______作用，以提高加工精度和减小表面粗糙度值。

7．拉削加工的孔径通常为______mm，孔的长度与孔径的比值不宜大于____。

8．外表面的拉削一般为______拉削，拉削力偏离______和工件轴线，因此，除对拉力采用______等限位措施外，还须将工件夹紧，以免拉削时工件位置发生偏离。

## 二、判断题（正确的，在括号内打“√”；错误的，在括号内打“×”）

1．拉削不能加工平面。（　　）
2．拉削孔的长度与孔径的比值可以很大。（　　）
3．拉削各种型孔时，工件一般不需要夹紧，只以工件的端面支承。（　　）

## 三、选择题（将正确答案的序号填写在括号内）

1．拉削的加工精度较高，经济精度可达（　　）。
A．IT13 ~ IT11　B．IT11 ~ IT9　C．IT9 ~ IT7　D．IT7 ~ IT6
2．拉刀的（　　）起校正和修光作用。
A．前导部　B．后导部　C．切削部　D．校准部
3．拉刀的每齿升高量一般为（　　）mm。
A．0.02 ~ 0.1　B．0.1 ~ 0.2　C．0.2 ~ 0.3　D．0.3 ~ 0.4
4．拉削不能加工（　　）。
A．方孔　B．平面　C．盲孔　D．花键孔
5．大批量加工内花键孔，多采用（　　）。
A．牛头刨床　B．龙门刨床　C．插床　D．拉床

## 四、简答题

1．拉刀由哪几部分组成？各部分的作用是什么？

2．拉床的加工范围有哪些？

# 第十章 齿轮加工

## §10-1 齿轮加工设备

**一、填空题（将正确答案填写在横线上）**

1．齿轮的加工可分为______加工和______加工两个阶段。

2．齿形加工分为________和________两类。

3．齿轮加工机床的类型很多，按照被加工齿轮种类的不同分为______齿轮加工机床和______齿轮加工机床两大类。

4．滚齿机主要用于加工______和______圆柱齿轮，也可以滚切花键轴或用手动径向进给法滚切蜗轮。

5．在滚齿机上加工齿轮时的主运动是________运动。

6．滚齿时为了得到所需的齿廓和齿轮齿数，滚刀和工件需按严格的________关系进行啮合。

7．立式插齿机有______让刀和______让刀两种形式。高速和大型插齿机用______让刀，中小型插齿机一般用______让刀。

8．插齿机主要用于加工______齿轮和______齿轮，加附件后还可加工齿条。

9．插齿时插齿刀做上下往复运动，向下为______运动，向上返回为______运动。

10．按齿形加工原理，齿轮加工刀具可分为______齿轮刀具和______齿轮刀具两大类。

11．展成齿轮刀具齿形和工件齿形不同，切齿时刀具和工件按准确的传动比做______运动（展成运动），工件齿形是刀具齿形运动轨迹______而成的。

12．齿轮滚刀是按螺旋齿轮______原理，用______法加工齿轮的刀具，其本质上是一个__________。

13．为了形成切削刃，在滚刀上沿轴线开出容屑槽，形成____面和____角，经铲齿铲磨，形成____面和____角。

14．滚刀的基本尺寸参数有__________、__________、________及容屑槽数。

15．滚刀的精度等级有______、______、______、______、______、______、______级。

16．齿轮滚刀的选择与被加工齿轮的齿数无关，只要求刀具的_________与_________与被加工齿轮的相应参数相同即可。

17．碗形插齿刀主要用于加工______齿轮和带有______的齿轮。

18．插齿刀的精度等级有三种：即____、____、____级，在正常工艺条件下，分别用于____、____、____级精度齿轮的加工。

## 二、判断题（正确的，在括号内打“√”；错误的，在括号内打“×”）

1. 成形齿轮刀具的切削刃廓形与被切齿轮齿槽的形状完全相同，可直接切出齿轮齿槽的形状。（ ）

2. 齿轮滚刀本质上是一个圆柱斜齿轮。（ ）

3. 展成齿轮刀具齿形与工件齿形完全相同。（ ）

4. 花键滚刀属于成形齿轮刀具。（ ）

5. 齿轮滚刀的选择与被加工齿轮的齿数有关。（ ）

6. 加工精度较低时，滚刀头数应与被加工齿轮的齿数互为质数，以免产生大小齿。（ ）

7. 锥柄插齿刀主要用于加工内齿轮。（ ）

8. 无论何种类型和精度等级的插齿刀，其几何表面和切削参数的形成都是相同的。（ ）

9. 插齿刀选定后不需进行插齿啮合检验。（ ）

## 三、选择题（将正确答案的序号填写在括号内）

1. 下列属于成形法加工齿轮的是（ ）。

A. 滚齿刀滚齿　B. 插齿刀插齿

C. 剃齿刀剃齿　D. 齿轮铣刀铣齿

2. 下列属于展成法加工齿轮的是（ ）。

A. 滚齿刀滚齿　B. 齿轮拉刀拉齿

C. 样板刨刀刨齿　D. 齿轮铣刀铣齿

3. 下列（ ）属于成形齿轮刀具。

A. 齿轮滚刀　B. 花键滚刀

C. 插齿刀　D. 盘形模数齿轮铣刀

4. 下列（ ）属于加工渐开线圆柱齿轮的刀具。

A. 齿轮滚刀　B. 花键滚刀

C. 蜗轮滚刀　D. 花键插齿刀

5. 在正常工艺条件下，3A 精度等级的滚刀可加工（ ）级精度等级的齿轮。

A. 6　B. 7　C. 8　D. 9

6. 在正常工艺条件下，A 精度等级的插齿刀可加工（ ）级精度等级的齿轮。

A. 6　B. 7　C. 8　D. 9

## 四、简答题

1. 在滚齿机上加工齿轮时需要哪几种运动？

2．在插齿机上进行插齿时，插齿机必须具备哪几种运动？

3．如何选择齿轮滚刀？

## §10–2　齿形加工方法

### 一、填空题（将正确答案填写在横线上）

1．滚齿能加工______级精度的齿轮，最高可达______级，常用于直齿、斜齿的外啮合圆柱齿轮和蜗轮加工。

2．插齿能加工______级精度的齿轮，最高可达______级，适用于加工内外啮合齿轮（包括阶梯齿轮）、扇形齿轮、齿条等。

3．珩齿能加工______级精度的齿轮，主要用于经过剃齿后________的齿形精加工。

4．在普通或万能铣床上利用______铣刀和______，在齿坯上加工出齿面的方法称为铣齿。

5．滚齿是利用一对轴线互相交叉的螺旋圆柱齿轮相______的原理来进行加工的。

6．插齿是利用一对圆柱齿轮的__________原理来进行加工的。

7．剃齿是______圆柱齿轮的精加工方法，其加工过程是由______带动工件自由转动并模拟一对螺旋齿轮做双面间隙啮合运动。

8．剃齿加工属于______啮合的展成运动，而滚齿和插齿的刀具和工件均由机床驱动，属于______啮合的展成运动。

9. 珩齿是用于加工______齿面的精加工方法。

10. 磨齿是在________上使用砂轮对已淬硬齿轮齿面进行精加工的方法。按其加工原理可分为________磨齿和________磨齿两种。

11. 常见的磨齿机有大平面砂轮磨齿机、锥面砂轮磨齿机、______砂轮磨齿机和______砂轮磨齿机。

12. 展成法磨齿的实质是根据______与______啮合的原理，将砂轮的工作面修成假想______的一个侧面或一个齿，按______的节线和______的节圆做纯滚动的关系进行磨齿。

13. 根据砂轮的形式，磨齿可分为______砂轮磨齿法、______砂轮磨齿法和蜗杆砂轮磨齿法。

## 二、判断题（正确的，在括号内打“√”；错误的，在括号内打“×”）

1. 滚齿常用于直齿、斜齿的外啮合圆柱齿轮和蜗轮加工。 (　　)

2. 斜齿圆柱齿轮不能采用铣齿的方式进行加工，只能采用滚齿的方式进行加工。 (　　)

3. 滚齿的实质相当于蜗杆蜗轮的啮合过程。 (　　)

4. 滚齿可以加工内齿轮和多联齿轮。 (　　)

5. 剃齿刀是一个高精度的斜齿轮，并在齿面上沿渐开线齿向上开了很多槽，形成切削力。 (　　)

6. 双碟形砂轮磨齿法由于碟形砂轮刚度差，背吃刀量小，所以是现有磨齿方法中生产效率最低的一种。 (　　)

7. 蜗杆砂轮磨齿法的原理与滚齿相同，蜗杆砂轮相当于滚刀。 (　　)

## 三、选择题（将正确答案的序号填写在括号内）

1. 下列属于成形法加工齿轮的是（　　）。

A. 滚齿　　B. 插齿

C. 剃齿　　D. 拉齿

2. 下列属于展成法加工齿轮的是（　　）。

A. 齿轮铣刀铣齿　　B. 齿轮拉刀拉齿

C. 剃齿　　D. 样板刨刀刨齿

3. 下列不能采用滚齿方法进行加工的是（　　）。

A. 直齿圆柱外齿轮　　B. 斜齿圆柱外齿轮

C. 蜗轮　　D. 多联齿轮

4. 下列不属于齿面精加工方法的是（　　）。

A. 滚齿　　B. 珩齿　　C. 剃齿　　D. 磨齿

## 四、简答题

1. 滚齿是利用什么原理进行加工的？

2. 插齿是利用什么原理进行加工的？

3. 剃齿时必须具备哪些运动？

# 第十一章　数控加工与特种加工

## §11-1　数 控 机 床

### 一、填空题（将正确答案填写在横线上）

1. 按加工要求预先编制的程序，由控制系统发出＿＿＿＿＿＿指令对工件进行加工的机床，称为数控机床。

2. 数控机床一般由控制介质、＿＿＿＿＿＿＿＿＿、伺服系统、可编程控制器、测量反馈装置、机床主体等部分组成。

3. 数控装置由＿＿＿＿＿、＿＿＿＿＿和输出装置等构成。

4. 伺服系统由驱动装置和执行部件组成，它是数控机床的＿＿＿＿机构。

5. 伺服系统分为＿＿＿伺服驱动系统和＿＿＿伺服驱动系统。

6. 伺服系统的作用是把来自＿＿＿＿的指令信号转换为机床移动部件的运动。

7. 测量反馈装置的作用是通过＿＿＿元件将机床移动的实际位置、速度参数检测出来，转换成电信号，并反馈到＿＿＿＿装置中。

8. 测量反馈装置安装在数控机床的＿＿＿＿或＿＿＿上。

9. 机床主体是数控机床的本体，主要包括床身、＿＿＿、＿＿＿＿＿等机械部件，还有冷却、润滑、＿＿＿、＿＿＿等辅助装置。

10. 数控车床是一种用于完成＿＿＿加工的数控机床。

11. 加工中心是指带有＿＿＿＿和刀具自动交换装置的数控机床。

12. 数控铣床是以＿＿＿为加工方式的数控机床，通常铣刀旋转为＿＿＿运动，工件或（和）铣刀的移动为＿＿＿运动。

### 二、判断题（正确的，在括号内打“√”；错误的，在括号内打“×”）

1. 伺服系统是数控机床的核心。（　　）

2. 数控机床必须应用控制介质向数控装置传递加工程序。（　　）

3. MDI 键盘和显示器是数控系统不可缺少的人机交互设备。（　　）

4. 伺服系统作为数控机床的重要组成部分，其本身的性能直接影响整个数控机床的精度和速度。（　　）

5. 车削中心是指在普通数控车床的基础上，增加了 $C$ 轴和动力头的自动控制车床。（　　）

## 三、选择题（将正确答案的序号填写在括号内）

1．数控机床的核心是（　　）。

A．伺服装置　　B．数控装置

C．反馈装置　　D．检测装置

2．数控机床的进给运动是由（　　）控制的。

A．进给伺服驱动系统　　B．主轴伺服驱动系统

C．辅助控制系统　　D．数控装置

3．加工中心与一般数控机床的显著区别是（　　）。

A．采用 CNC 数控系统

B．操作简便，精度高

C．具有对零件进行多工序加工能力

D．高速、高效、高精度

4．加工中心与数控铣床在结构上的主要区别是（　　）。

A．加工中心配置了刀库，存放不同数量的各种刀具

B．加工中心采用了滚珠丝杠副

C．加工中心配置了伺服系统

D．加工中心配置了数控装置

## 四、名词解释

1．数控机床

2．控制介质

## 五、简答题

1．数控机床主要由哪几部分组成?

2．数控装置有什么作用?

3．伺服系统有什么作用？

4．测量反馈装置有什么作用？

5．简述数控机床的工作过程。

## §11-2 数控加工工艺

### 一、填空题（将正确答案填写在横线上）

1．工艺准备中的首要工作是__________，它直接影响零件加工程序的编制及加工结果。

2．编程原点一般情况下选择在______基准或______基准上。

3．数控加工的特点对夹具提出了两个基本要求：一是保证夹具的坐标方向与________的坐标方向相对固定；二是要能协调零件与________坐标系的尺寸。

4．加工路线是指数控机床在加工过程中刀具________相对于工件的运动轨迹。

5．确定加工路线就是确定________运动的轨迹和方向，也就是程序编制的轨迹和运动方向。

6．刀具的进、退刀路线须认真考虑，要尽量避免在______处接刀，对刀具的切入和切出要仔细设计。

7．影响切削用量的主要因素有_________、_________、_________、______________等。

8．在刚度允许的情况下，尽可能选取较大的____________，以减少进给次数，提高生产效率。

9．将工艺规程的内容填入一定格式的卡片中，用于生产准备、工艺管理和指导工人操作等的各种技术文件称为________。

10．数控加工__________明细表是调刀人员调整刀具、操作人员进行刀具数据输入的主要依据。

## 二、判断题（正确的，在括号内打“√”；错误的，在括号内打“×”）

1. 在数控机床上加工零件与在普通机床上加工零件所涉及的工艺问题大致相同，处理方法也无多大差别。 （ ）

2. 单件、小批量生产时，应优先使用通用夹具、组合夹具或可调夹具。 （ ）

3. 数控机床加工时，一般优先选用专用刀具，不用或少用特殊的标准刀具。 （ ）

4. 机床和夹具的刚度不会影响到切削用量的选择。 （ ）

5. 确定背吃刀量无须考虑数控机床、工件、刀具系统的刚度。 （ ）

6. 刀具允许的最高切削速度与刀具材料无关。 （ ）

## 三、选择题（将正确答案的序号填写在括号内）

1. 数控机床加工选择刀具时，一般应优先采用（ ）刀具。
   A．标准 B．专用 C．复合 D．都可以

2. 切削用量三要素是指（ ）、背吃刀量和进给量。
   A．切削速度 B．主轴转速 C．角速度 D．加速度

3. 在数控铣床上加工凹槽时，最佳加工路线是（ ）。
   A．行切法 B．环切法
   C．先行切最后环切 D．先环切最后行切

4. 编制数控加工程序时，编程原点尽量选在（ ）上。
   A．机床原点 B．机床参考点
   C．尺寸基准 D．测量基准

## 四、简答题

1. 制定数控加工工艺时，需要分析零件图样的哪些内容？

2. 数控加工的特点对夹具提出哪些基本要求？

3. 制定数控加工工艺时，一般根据哪些因素来确定切削用量？

4．影响切削用量的主要因素有哪些？

## §11–3 特种加工

### 一、填空题（将正确答案填写在横线上）

1．特种加工是主要利用______、磁、______、光、热、液、化学等能量单独或复合对材料进行去除、________、变形、改性、镀覆等的非传统加工方法。

2．在一定的介质中，通过工件和____________间脉冲火花放电，使工件材料熔化、气化而被去除或在工件表面进行材料沉积的加工方法，称为______加工。

3．采用________工具电极的电火花加工，称为电火花成形加工。

4．用________________加工方法加工型腔、型体、型孔、型面的电火花加工机床，称为电火花成形加工机床。

5．电火花成形加工机床主要由床身、________、______、数控电源柜、工作台及工作液箱等部分组成。

6．用沿着自身轴线方向运行的__________作工具电极，对工件进行切割的电火花加工，称为电火花线切割加工。

7．以金属丝做________电极对工件进行切割加工的电火花加工机床，称为电火花线切割机床。

8．电火花线切割加工利用移动的金属线作为______电极，工件作为____电极。

9．根据电极丝运动的方式不同，电火花线切割机床可分为__________电火花线切割机床和____________电火花线切割机床两大类。

### 二、判断题（正确的，在括号内打“√”；错误的，在括号内打“×”）

1．电火花加工方式，实现了用软金属工具加工任何硬度的金属材料。（　　）

2．电火花线切割加工时，金属线为正电极，工件为负电极。（　　）

3．电火花线切割的电极丝材料不必比工件材料硬，可加工任何导电的固体材料。（　　）

4．电火花线切割能够加工非导电材料。（　　）

5．电火花成形加工与传统的机械切削加工原理完全相同，在加工过程中，工具电极与工件必须接触。（　　）

6．电火花加工的放电脉冲参数可以任意调节，在同一台机床上可完成粗、中、精加工过程。（ ）

7．在电火花线切割加工过程中，可以不使用工作液。（ ）

**三、选择题（将正确答案的序号填写在括号内）**

1．下列不能采用电火花加工的材料是（ ）。

A．磁性材料　B．人造聚晶金刚石

C．立方氮化硼　D．塑料

2．电火花线切割机床的脉冲电源与电火花成形加工机床的脉冲电源（ ）。

A．原理和性能要求都相同　B．原理不同，性能要求相同

C．原理相同，性能要求不相同　D．原理和性能要求都不相同

3．只能加工导电材料的特种加工是（ ）。

A．电火花加工　B．激光加工

C．超声波加工　D．电子束加工

**四、名词解释**

1．特种加工

2．电火花加工

**五、简答题**

1．简述电火花成形加工原理。

2．列举表 11–1 中特种加工方法能加工的材料。

**表 11–1　特种加工方法能加工的材料**

| 特种加工方法 | 能加工的材料 |
| --- | --- |
| 电火花成形加工 | |
| 电火花线切割加工 | |

3．简述电火花成形加工的应用范围。

4．电火花线切割加工有哪些特点？

5．简述电火花线切割加工的应用范围。

# 第十二章　机械加工工艺规程

## §12-1　基 本 概 念

### 一、填空题（将正确答案填写在横线上）

1. 机械加工工艺规程是规定产品或零部件制造________和________等的工艺文件。

2. 机械加工车间中采用机械加工的方法，直接改变毛坯的______、尺寸和表面质量等，使其成为______的过程称为机械加工工艺过程。

3. 机械加工工艺过程由一个或若干个顺序排列的工序组成，而工序又由______、________、________和________组成。

4. 工件在加工前，确定工件在机床上或夹具中占有______位置的过程称为定位。

5. 工件定位后将其固定、使其在加工过程中保持______位置不变的操作称为夹紧。

6. 工件经一次装夹后所完成的那一部分工序称为______。

7. 划分工步的依据是__________和__________是否变化。

8. 在一个工步内，若被加工表面需切除的余量较大，可分几次切削，每次切削称为一次______。

9. 计划期通常为一年，所以生产纲领也称为________。

10. 在机械制造中，按照企业（或车间、工段、班组、工作地）生产专业化程度，生产类型一般可分为______生产、______生产和______生产三种类型。

11. 按批量的多少，成批生产又可分为______、______和______生产三种。

12. 机械加工工艺卡是以______为单元，详细说明产品（或零、部件）在某一工艺阶段中的工序号、工序名称、工序内容、__________、操作要求以及采用的设备和工艺装备等的工艺文件。

### 二、判断题（正确的，在括号内打“√”；错误的，在括号内打“×”）

1. 划分工序的依据是工作地是否发生变化和工作是否连续。（　　）

2. 在一道工序中，工件只能安装一次。（　　）

3. 工件在加工过程中，应尽量减少安装次数，因为多一次安装就会增加安装时间，还会增加装夹误差。（　　）

4. 采用多工位加工方法可以减少工件的装夹次数，提高加工精度和生产效率。（　　）

5. 在工艺中，小批生产和单件生产相似，常合称为单件、小批量生产。（　　）

6. 成批生产一般不使用专用夹具。（　　）

## 三、选择题（将正确答案的序号填写在括号内）

1．在机械加工中直接改变工件的形状、尺寸和表面质量，使之成为所需零件的过程称为（　　）。

A．生产过程　　B．工艺过程

C．工艺规程　　D．机械加工工艺过程

2．构成工序的要素是（　　）。

A．工作地点和工人

B．工人和零件

C．工人、零件和连续作业

D．工作地点、工人、零件和连续作业

3．工件经一次装夹后所完成的那部分工序称为（　　）。

A．工序　　B．安装　　C．工位　　D．工步

4．生产效率最高的生产类型是（　　）。

A．单件生产　　B．成批生产

C．中批生产　　D．大量生产

## 四、名词解释

1．生产过程

2．工艺过程

3．工序

4．工步

5．生产纲领

6．装夹

## 五、简答题

1．对机械制造而言，生产过程一般包括哪些内容？

2．什么是机械加工工艺过程卡？它主要包括哪些内容？

3．什么是机械加工工序卡？它主要包括哪些内容？

## 六、应用题

采用一夹一顶装夹，车削图 12–1 所示台阶轴工件的一端外圆，加工内容如下：车 $\phi$32 mm 外圆，长 71 mm；车 $\phi$29 mm 外圆，长 56 mm；车 $\phi$26 mm 外圆，长 33 mm。各外圆均一刀完成。试问：上述加工有几道工序？几次安装？几个工位？几个工步？

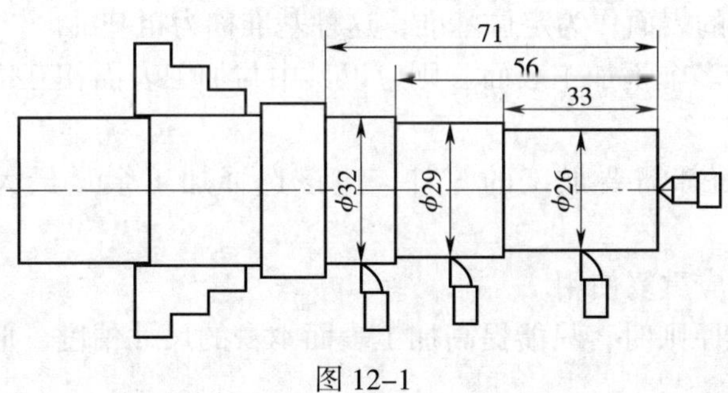


图 12–1

## §12–2 基准的选择

**一、填空题（将正确答案填写在横线上）**

1．根据功用不同，基准可分为______基准和______基准两大类。

2．按其作用不同，工艺基准可分为______基准、______基准、______基准和______基准。

3．定位基准用来确定工件在机床上或夹具中的______位置。

4．在使用夹具时，其定位基准就是工件与夹具定位组件相接触的________、________、________。

5．测量时所采用的基准称为______基准。

6．定位基准分为____基准和____基准。

7．选择粗基准时，必须达到以下两个基本要求：其一，要保证所有加工表面都有足够的__________；其二，应保证工件加工表面和不加工表面之间有一定的__________。

8．为保证重要表面的加工余量均匀，应选择______加工面为粗基准。

9．精基准选择考虑的重点是如何保证工件的______精度，并使工件装夹准确、可靠方便，以及夹具结构简单。

10．采用基准重合原则可以避免由______基准与______基准不重合而引起的定位误差。

11．同一零件的多道工序尽可能选择同一个定位基准，称为__________原则。

12．为使各加工表面之间具有较高的位置精度，或为使加工表面具有均匀的加工余量，可采取两个加工表面互为基准反复加工的方法，称为________原则。

**二、判断题（正确的，在括号内打"√"；错误的，在括号内打"×"）**

1．采用已加工过的表面作为定位基准，这种基准称为粗基准。（　　）

2．如果零件上有多个不加工表面，则应以其中与加工表面相互位置精度要求高的不加工表面为粗基准。（　　）

3．对于全部表面都需要加工的零件，应该选择加工余量最大的表面作为粗基准。（　　）

4．粗基准一般不应重复使用。（　　）

5．采用自为基准原则时，只能提高加工表面本身的尺寸精度、形状精度，而不能提高加工表面的位置精度。（　　）

6．粗加工时所用的定位基准称粗基准，精加工时所用的定位基准称精基准。（　　）

7．轴类零件常使用其外圆表面作统一精基准。（　　）

8．定位基准只允许使用一次，不准重复使用。（　　）

**三、选择题（将正确答案的序号填写在括号内）**

1．在选择粗基准时，为保证加工表面与非加工表面的位置关系，应选（　　）作为粗基准。

A．非加工表面　　B．加工表面

C．非加工表面和加工表面　　D．非加工表面或加工表面

2．对于全部表面均须加工的零件，其粗基准表面的选择条件是（　　）。

A．加工余量最小的　　B．外形尺寸大的

C．尺寸精度要求高的　　D．表面粗糙度值小的

3．用心轴装夹，加工图 12–2 中的尺寸（40 ± 0.1）mm，为保证要求应用（　　）作为轴向定位基准。

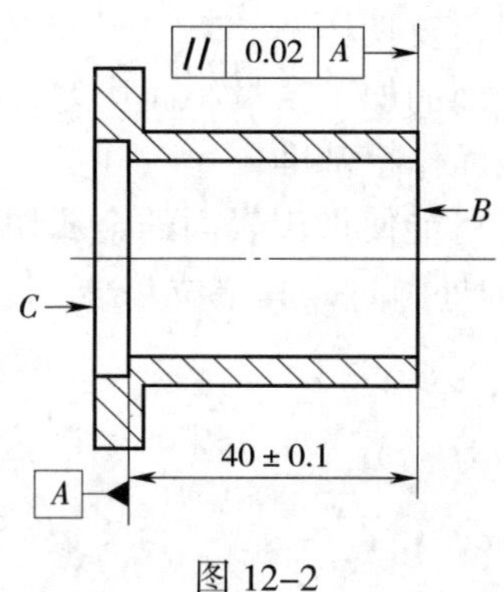


图 12–2

A．*A* 面　　B．*B* 面　　C．*C* 面　　D．轴肩面

4．对于研磨、铰孔等精加工或光整加工工序要求余量小而均匀，选择加工表面本身作为定位基准，称为（　　）原则。

A．基准重合　　B．基准统一

C．互为基准　　D．自为基准

5．车床主轴轴颈和锥孔的同轴度要求很高，因此常采用（　　）方法来保证。

A．基准重合　　B．互为基准

C．自为基准　　D．基准统一

6．在磨一个轴套时，先以内孔为基准磨外圆，再以外圆为基准磨内孔，这是遵循（　　）的原则。

A．基准重合加工　　B．基准统一加工

C．互为基准加工　　D．不同基准加工

7．选择精基准时，有时可设法在工件上专门加工一组供工艺定位用的辅助基准的目的是（　　）。

A．符合基准重合加工

B．便于互为基准加工

C．便于统一基准加工

D．使定位准确、夹紧可靠，夹具结构简单，工件安装方便

8．自为基准是以加工面本身为精基准，多用于精加工或光整加工工序，这种加工方法（　　）。

A．仅能保证加工面的形状精度　　B．仅保证加工面的位置精度

C．保证加工面的尺寸和形状精度　　D．保证加工面的形状和位置精度

9．采用（　　）加工，可以提高生产效率和保证被加工表面间的相互位置精度。

A．统一基准　　B．多工位

C．基准重合　　D．互为基准

10．不能提高工件被加工表面的定位基准的位置精度的定位方法是（　　）。

A．基准重合　　B．基准统一

C．自为基准加工　　D．基准不变

11．关于粗基准选择，下列说法中正确的是（　　）。

A．粗基准选得合适，可重复使用

B．为保证其重要加工表面的加工余量小而均匀，应以该重要表面作粗基准

C．选加工余量最大的表面作粗基准

D．粗基准的选择，应尽可能使加工表面的金属切除量总和最大

12．套类工件以心轴定位车削外圆时，其定位基准是（　　）。

A．心轴外圆柱面　　B．工件内圆柱面

C．心轴中心线　　D．工件孔中心线

**四、名词解释**

1．基准

2．设计基准

3．工艺基准

4．装配基准

5．工序基准

6．粗基准

7．基准重合原则

## 五、简答题

1. 粗基准选择原则有哪些？

2. 精基准选择原则有哪些？

## 六、应用题

1. 加工图 12–3 所示齿轮（毛坯为模锻件）时，如何选择粗、精基准？试简要说明理由。

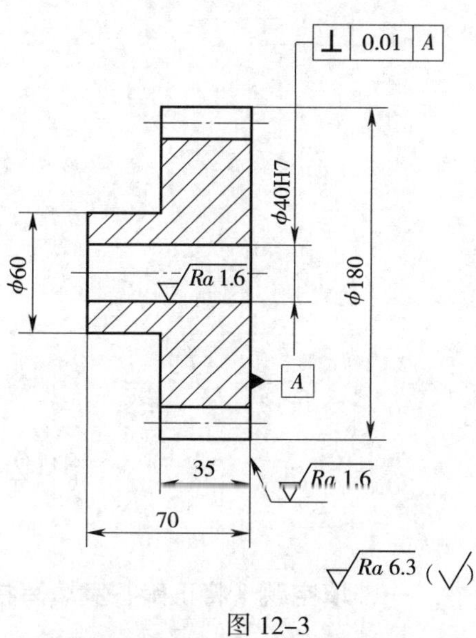

图 12–3

2．加工图 12–4 所示支架（毛坯为铸件）时，如何选择粗、精基准？试简要说明理由。

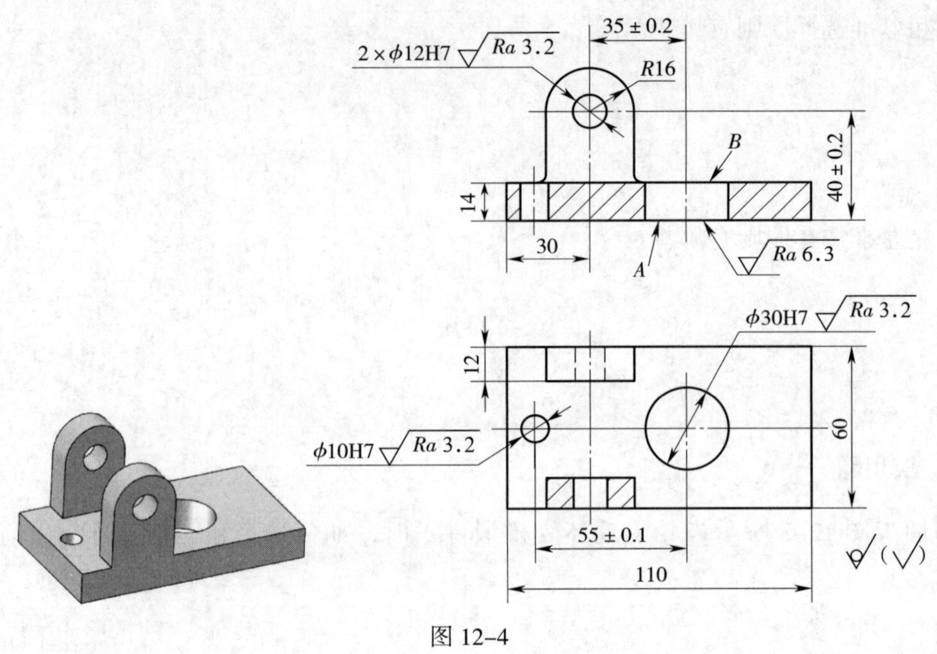


图 12–4

## § 12–3　工艺路线的拟定

### 一、填空题（将正确答案填写在横线上）

1．机械加工常用的毛坯有______、________和型材等。

2．毛坯制造尺寸与零件图样尺寸的差值称为____________，毛坯制造尺寸的公差称为________。

3．外圆表面的主要加工方法是______和______。

4．内孔表面加工方法有____孔、____孔、____孔、镗孔、拉孔、磨孔和光整加工。

5．平面的主要加工方法有______、______、______、磨削和拉削等，精度要求高的平面还需要经研磨或刮削加工。

6．平面轮廓常用的加工方法有________、线切割及磨削等。

7．零件的加工过程通常按工序性质不同，可分为________、________和精加工三个阶段。有时在精加工之后还有专门的________阶段。

8. 粗加工阶段的任务是________________________，使毛坯在形状和尺寸上接近零件成品。

9. 精加工的任务是保证主要加工表面达到图样规定的__________和__________要求。

10. 加工精密主轴时，在粗加工后，一般要安排__________，半精加工后进行______，在精加工后进行冷处理及低温回火，最后再进行光整加工。

11. 大批量生产时，若使用多刀、多轴等高效机床，可按__________原则划分；若在组合机床组成的自动线上加工，可按__________原则划分。

12. 预备热处理安排在________之前，其目的是改善材料的切削加工性能，消除毛坯应力，细化晶粒、均匀组织。

13. 常用消除残余应力的处理方法有______处理和______处理。

14. 最终热处理的目的是提高零件的______、________和耐磨性等。

15. 最终热处理一般安排在________之前进行。

16. 辅助工序主要包括______、______、去毛刺、去磁、倒棱边、涂防锈油和平衡等。

17. 对于切削加工而言，基本时间是指切除材料所消耗的机动时间，包括真正用于__________的时间以及切入与切出时间。

18. 辅助时间是指为实现工艺过程所必须进行的各种__________所消耗的时间。

19. 基本时间和辅助时间的总和称为______时间，它是直接用于制造产品或零部件所消耗的时间。

**二、判断题（正确的，在括号内打“√”；错误的，在括号内打“×”）**

1. 铸铁和青铜零件一般选用锻造毛坯。（　　）

2. 荒加工的任务是及时发现毛坯的缺陷，使不合格的毛坯不进入机械加工车间。（　　）

3. 精加工阶段的主要问题是如何获得高的生产效率。（　　）

4. 粗加工阶段主要考虑的问题是获得较高的加工精度和表面质量。（　　）

5. 光整加工主要目标是提高尺寸精度、减小表面粗糙度值，但一般不用来提高位置精度。（　　）

6. 对于尺寸大的重型零件，一般采用工序分散的原则划分工序。（　　）

7. 若零件的位置精度要求较高，则采用工序集中的原则，可以一次装夹中加工，保证较高的位置精度。（　　）

8. 任何零件的加工过程，总是首先对定位基准面进行粗加工和半精加工，必要时还要进行精加工。（　　）

9. 对箱体类、支架类、机体类等零件，平面轮廓尺寸较大，用平面定位比较稳定可靠，故一般先加工平面，再加工孔和其他尺寸。（　　）

10. 消除残余应力热处理最好安排在粗加工之后、精加工之前进行。（　　）

11. 单件、小批量生产尽量选用专用夹具，大批量生产尽量采用通用夹具。（　　）

12. 单件、小批量生产尽量采用通用量具，大批量生产应采用各种量规和一些高效的专用检具。（　　）

三、选择题（将正确答案的序号填写在括号内）

1. 精加工外圆使用的主要加工方法是（　　）。

A. 车　　B. 铣　　C. 刨　　D. 磨

2. 使每个工序中包括尽可能多的工步内容，因而使总的工序数目减少，夹具的数目和工件安装次数也相应减少，叫作（　　）。

A. 工序集中　　B. 工序分散

C. 工步集中　　D. 工步分散

3. 对零件上精度和表面粗糙度要求很高的表面，需进行（　　），其主要目标是提高尺寸精度、减小表面粗糙度值。

A. 粗加工　　B. 半精加工

C. 精加工　　D. 光整加工

4. 工件加工中，去毛刺、清洗和退磁，涂油防生锈属于（　　）工序。

A. 热处理工序　　B. 辅助工序

C. 检验工序　　D. 起始工序

5. 轴类零件的加工余量主要靠（　　）方法去除。

A. 车削　　B. 铣削　　C. 钻削　　D. 刨削

6. 对于刚度差、精度高的零件，应按（　　）原则划分工序。

A. 工序集中　　B. 工序分散

C. 两者皆可　　D. 不能确定

7. 对于既要铣面又要镗孔的工件应（　　）。

A. 先镗孔后铣面　　B. 先铣面后镗孔

C. 同时进行　　D. 无所谓

8. 工件的（　　）要求很高时才需要光整加工。

A. 位置精度　　B. 尺寸精度和表面粗糙度

C. 尺寸精度　　D. 表面粗糙度

9. 成批生产时，工序划分通常（　　）。

A. 采用分散原则　　B. 采用集中原则

C. 视具体情况而定　　D. 随便划分

10. 最终热处理一般安排在（　　）。

A. 粗加工前　　B. 粗加工后

C. 精加工后　　D. 精加工前

11. 最终工序为车削的加工方案，一般不适用于加工（　　）。

A. 淬火钢　　B. 未淬火钢

C. 有色金属　　D. 铸铁

12. 加工内容不多的工件，工序划分常采用（　　）。

A. 按所用刀具划分　　B. 按安装次数划分

C. 按粗精加工划分　　D. 按加工部位划分

13. 加工表面多而复杂的工件，工序划分常采用（　　）。

A．按所用刀具划分　　B．按安装次数划分

C．按加工部位划分　　D．按粗精加工划分

14．下列选项中，正确的切削加工工序安排的原则是（　　）。

A．先孔后面　　B．先次后主

C．先主后次　　D．先远后近

15．下列平面加工方案中，加工精度最高、表面粗糙度值最小的为（　　）。

A．粗车→半精车→精车　　B．粗刨→精刨→刮研

C．粗铣→精铣→磨削→研磨　　D．粗铣→精铣→刮研

**四、名词解释**

1．工序集中

2．工序分散

3．时间定额

**五、简答题**

1．影响表面加工方法选择的因素有哪些？

2．划分加工阶段的目的是什么？

3．加工工序的安排一般遵循哪些原则？

4．单件时间定额包括哪些时间？

## §12-4 加工余量的确定

### 一、填空题（将正确答案填写在横线上）

1．加工余量是指加工过程中所切除的金属层厚度。加工余量有________和________之分。

2．相邻两工序的工序尺寸之差是______________；毛坯尺寸与零件图的设计尺寸之差是______________。

3．由于工序尺寸有公差，实际切除的余量是一个变值，因此，工序余量分为______余量、__________余量和________余量。

4．为了便于加工，工序尺寸的公差一般按________原则标注，即被包容面的工序尺寸取______偏差为零；包容面的工序尺寸取______偏差为零；毛坯尺寸的公差一般采取__________分布。

5．加工余量有单边余量和双边余量之分，平面的加工余量则指______余量。

6．确定加工余量的方法有__________、____________、分析计算法等。

7．根据加工余量计算公式和一定的试验资料，对影响加工余量的各项因素进行综合分析和计算来确定加工余量的一种方法，称为__________。

### 二、判断题（正确的，在括号内打"√"；错误的，在括号内打"×"）

1．粗加工工序的加工余量用查表法确定。（　　）

2．加工总余量是毛坯尺寸与零件图的设计尺寸之差，它等于各工序余量之和。（　　）

3．在确定加工余量时，总加工余量和工序余量要分别确定。（　　）

4．以生产实践和实验研究积累的有关加工余量的资料数据为基础，结合实际加工情况修正来确定加工余量的方法，称为经验估算法。（　　）

5．在保证加工精度和加工质量的前提下，加工余量越大越好。（　　）

### 三、选择题（将正确答案的序号填写在括号内）

1．工序余量是（　　）。

A．相邻两工序的工序尺寸之差　　B．加工过程中所切除的金属厚度

C．毛坯尺寸与零件图设计尺寸之和　　D．机械加工时切下的金属厚度

2．单件、小批量生产时确定加工余量的方法是（　　）。

A．查表修正法　　B．经验估算法

C．分析计算法　　D．对比法

3．回转体表面的加工余量是（　　）。

A．对称余量　　B．单边余量

C．工序余量　　D．双边余量

4．下面关于加工余量解释错误的是（　　）。

A．加工余量是相邻两工序的工序尺寸之差

B．加工余量是指加工过程中所切除的金属层厚度

C．加工总余量是毛坯尺寸与零件图的设计尺寸之差

D．加工总余量等于各工序余量之和

5．毛坯尺寸的公差一般按（　　）标注。

A．双向对称分布　　B．取上偏差为零

C．取下偏差为零　　D．任何方式皆可

## 四、名词解释

1．加工余量

2．工序余量

3．加工总余量

## 五、简答题

1．影响加工余量的因素有哪些？

2．确定加工余量的方法有哪些？

3．确定加工余量的原则有哪些？

## §12-5 工序尺寸及其公差的确定

### 一、填空题（将正确答案填写在横线上）

1. 最后一道工序的公差按零件图上设计尺寸标注，中间工序尺寸公差按________原则标注，毛坯尺寸公差按______标注。

2. 最终工序公称尺寸等于零件图上的______尺寸，其余工序公称尺寸等于后道工序公称尺寸加上或减去____________。

3. 在机器装配或零件加工过程中，互相联系且按一定顺序排列的封闭尺寸组合，称为__________。

4. 由单个零件在加工过程中的各有关工艺尺寸所组成的尺寸链，称为____________。

5. 工艺尺寸链具有以下两个特征：__________和__________。

6. 工艺尺寸链中间接得到的尺寸，称为________。它的尺寸随着别的环的变化而变化。

7. 工艺尺寸链中除封闭环以外的其他环，称为________。根据其对封闭环的影响不同，组成环又可分为________和________。

8. 增环是当其他组成环不变，该环增大（或减小）使封闭环随之______________的组成环。

9. 减环是当其他组成环不变，该环增大（或减小），使封闭环随之______________的组成环。

10. 封闭环的确定取决于__________和__________。

11. 工艺尺寸链的计算方法有两种：__________和概率法。生产中一般采用__________。

12. 封闭环的公称尺寸等于所有____环的公称尺寸之和减去所有____环的公称尺寸之和。

13. 封闭环的最大极限尺寸等于所有增环的__________尺寸之和减去所有减环的__________尺寸之和。

14. 封闭环的最小极限尺寸等于所有增环的__________尺寸之和减去所有减环的____________尺寸之和。

15. 封闭环的公差等于所有________环的公差之和。

16. 角度尺寸链的解法，是将与封闭环不平行的尺寸按______环的方向进行投影，使之成为直线尺寸链的形式。

### 二、判断题（正确的，在括号内打“√”；错误的，在括号内打“×”）

1. 工序尺寸及其公差的确定，仅取决于设计尺寸、加工余量及各工序所能达到的经济精度，与其他条件无关。（　）

2. 当工序基准、测量基准、定位基准或编程原点与设计基准重合时，工序尺寸及其公

差直接由各工序的加工余量和所能达到的精度确定，其计算方法是由最后一道工序开始向前推算。（　　）

3．一个工艺尺寸链中只有一个封闭环。（　　）

4．一个工艺尺寸链中至少应有三个环。（　　）

5．减环是当其他组成环不变，该环减小使封闭环随之减小的组成环。（　　）

6．封闭环的最小极限尺寸等于所有增环的最大极限尺寸之和减去所有减环的最小极限尺寸之和。（　　）

7．当组成尺寸链的尺寸较多时，一条尺寸链中封闭环可以有两个或两个以上。（　　）

8．组成环是指尺寸链中对封闭环没有影响的全部环。（　　）

9．尺寸链中，其他组成环尺寸不变时，增环尺寸增大，封闭环尺寸增大。（　　）

10．封闭环公称尺寸等于各组成环公称尺寸的代数和。（　　）

11．封闭环的公差值一定大于任何一个组成环的公差值。（　　）

12．当所有增环为最大极限尺寸时，封闭环获得最大极限尺寸。（　　）

13．要提高封闭环的精确度，就要增大各组成环的公差值。（　　）

14．用完全互换法解尺寸链能保证零部件的完全互换性。（　　）

15．尺寸链按其尺寸性质可分为线性尺寸链和角度尺寸链。（　　）

**三、选择题（将正确答案的序号填写在括号内）**

1．（多选题）如图 12–5 所示尺寸链，属于增环的有（　　）。

A．$A_1$　　B．$A_2$

C．$A_3$　　D．$A_4$

E．$A_5$

2．（多选题）如图 12–5 所示尺寸链，属于减环的有（　　）。

A．$A_1$　　B．$A_2$

C．$A_3$　　D．$A_4$

E．$A_5$

3．（多选题）如图 12–6 所示尺寸链，属于减环的有（　　）。

A．$A_1$　　B．$A_2$

C．$A_3$　　D．$A_4$

E．$A_5$

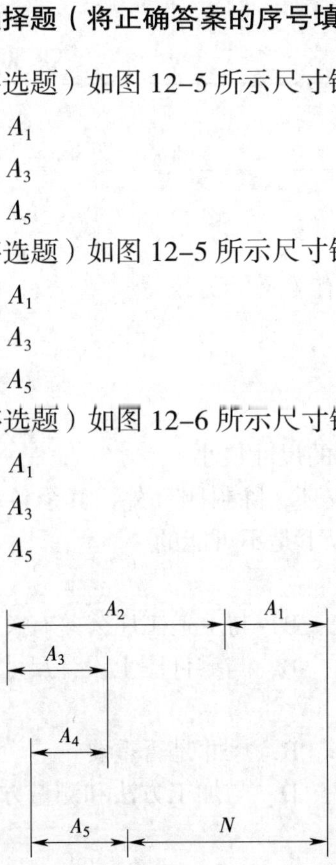

图 12–5

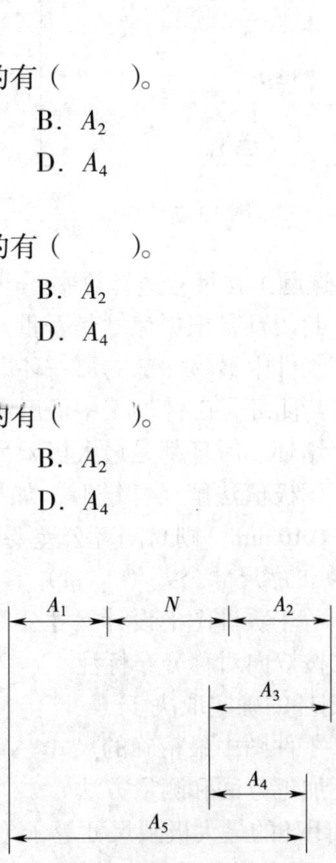

图 12–6

4.（多选题）对于尺寸链封闭环的确定，下列论述正确的有（　　）。

A．图样中未注尺寸的那一环

B．在装配过程中最后形成的一环

C．精度最高的那一环

D．在工件加工过程中最后形成的一环

E．尺寸链中需要求解的那一环

5.（多选题）如图 12–7 所示尺寸链，封闭环 $N$ 合格的尺寸有（　　）mm。

A．6.10　　B．5.90

C．5.10　　D．5.70

E．6.20

6.（多选题）如图 12–8 所示尺寸链，封闭环 $N$ 合格的尺寸有（　　）mm。

A．25.05　　B．19.75

C．20.00　　D．19.50

E．20.10

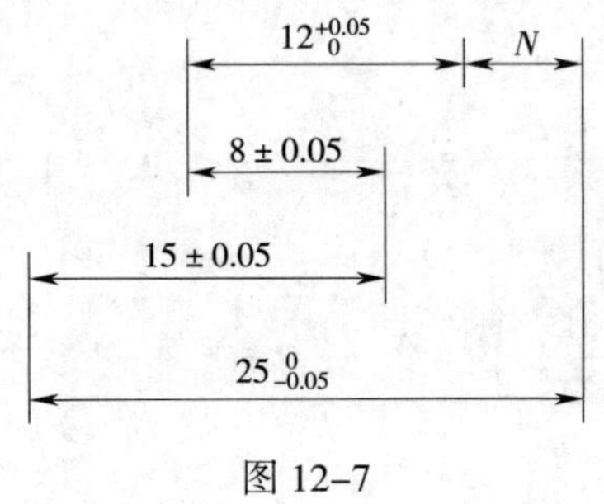


图 12–7

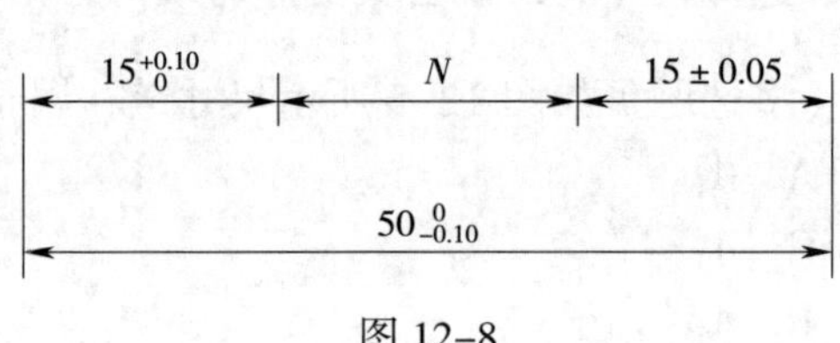


图 12–8

7.（多选题）在尺寸链计算中，下列论述正确的有（　　）。

A．封闭环是根据尺寸是否重要确定的

B．工件中最易加工的那一环即封闭环

C．封闭环是工件加工中最后形成的那一环

D．增环、减环都是最大极限尺寸时，封闭环的尺寸最小

E．用极值法解尺寸链时，如果共有五个组成环，除封闭环外，其余各环公差均为 0.10 mm，则封闭环公差要达到 0.40 mm 以下是不可能的

8．最终工序尺寸公差（　　）。

A．等于零件图上设计尺寸公差　　B．与上道工序公差有关

C．按双向对称分布标注　　D．与零件图上设计尺寸公差无关

9．封闭环的确定取决于（　　）。

A．零件图中最精确的尺寸　　B．尺寸是否重要

C．加工方法和测量方法　　D．与加工方法和测量方法无关

10．封闭环的最大极限尺寸等于（　　）。

A．所有增环的最大极限尺寸之和减去所有减环的最小极限尺寸之和

B．所有增环的最小极限尺寸之和减去所有减环的最大极限尺寸之和

C．所有减环的最大极限尺寸之和减去所有增环的最小极限尺寸之和

D．所有减环的最小极限尺寸之和减去所有增环的最大极限尺寸之和

11．尺寸链中的每个尺寸称为尺寸链的（　　）。

A．环　　B．增环　　C．减环　　D．封闭环

12．尺寸链中各增环公称尺寸之和减去各减环公称尺寸之和等于（　　）。

A．封闭环公称尺寸　　B．封闭环最大值

C．封闭环最小值　　D．封闭环公差

13．封闭环的公差（　　）各组成环的公差。

A．大于　　B．大于或等于

C．小于　　D．小于或等于

14．基准不重合误差由前后（　　）不同而引起。

A．设计基准　　B．环境温度

C．工序基准　　D．几何误差

15．封闭环是在装配或加工过程最后阶段自然形成的（　　）个环。

A．3　　B．1　　C．2　　D．多

16．（　　）基准重合时，定位尺寸即工序尺寸。

A．设计与工序　　B．定位与设计

C．定位与工序　　D．测量与设计

17．封闭环的下偏差等于各增环的下偏差（　　）各减环的上偏差之和。

A．之差加上　　B．之和减去

C．加上　　D．之积加上

18．一个批量生产的零件存在设计基准和定位基准不重合的现象，该零件在批量生产时（　　）。

A．可以通过首件加工和调整使整批零件加工合格

B．不可能加工出合格的零件

C．不影响加工质量

D．加工质量不稳定

**四、名词解释**

1．尺寸链

2．封闭环

3．组成环

4．增环

5．减环

## 五、简答题

1．基准重合时，工序尺寸及其公差确定的具体步骤有哪些？

2．什么是工艺尺寸链？工艺尺寸链具有哪两个特征？

## 六、计算题

1．图 12–9a 为零件图的部分要求，图 12–9b 为铣槽工序图（其他表面均已加工完毕）。试求工序尺寸 $H$。

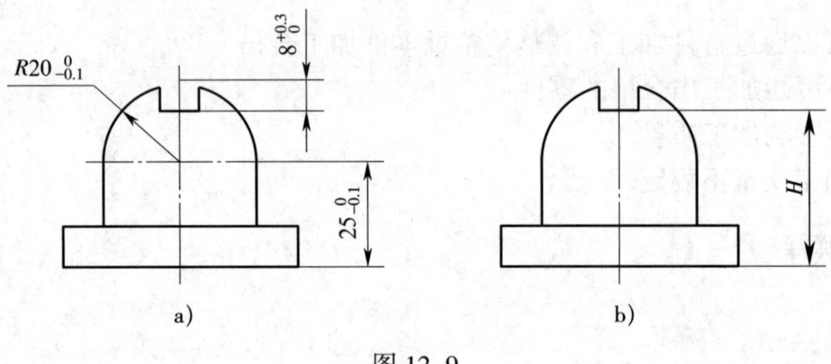


图 12–9

2. 图 12–10a 为某零件的轴向尺寸要求，图 12–10b、c 为最后两道工序的工序图。试标注尺寸 $L_1$、$L_2$ 和 $L_3$。

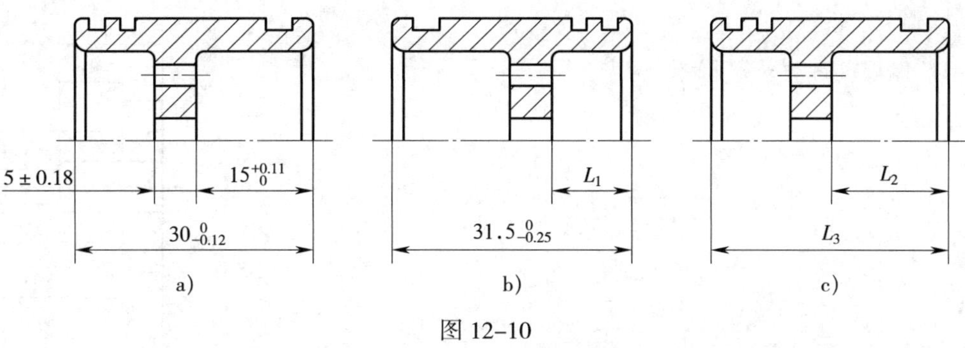


图 12–10

3. 图 12–11a 为零件的部分要求，图 12–11b、c 为工艺过程中最后两道工序。试确定 $H_1$、$H_2$ 和 $H_3$ 的数值。

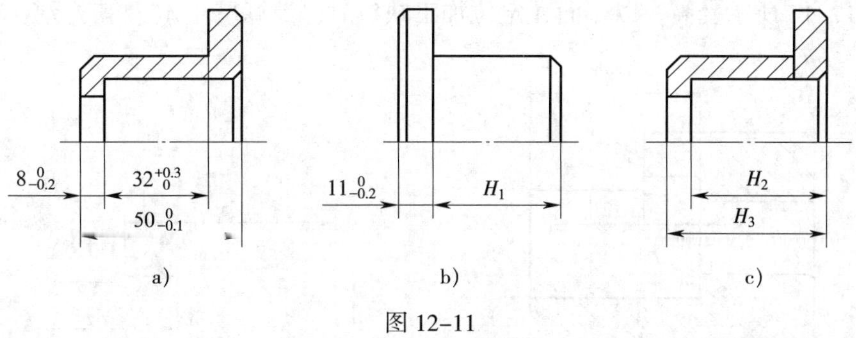


图 12–11

4．图 12–12 所示零件，$A_1=70_{-0.07}^{-0.02}$，$A_2=60_{-0.04}^{0}$，$A_3=20_{0}^{+0.19}$。因 $A_3$ 不便测量，试求出测量尺寸 $A_4$ 及其公差。

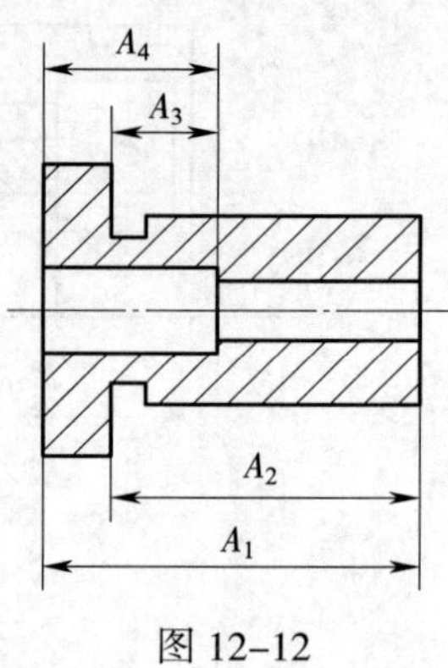


图 12–12

5．图 12–13 所示套筒，以端面 A 定位加工缺口时，计算尺寸 $A_3$ 及其公差。

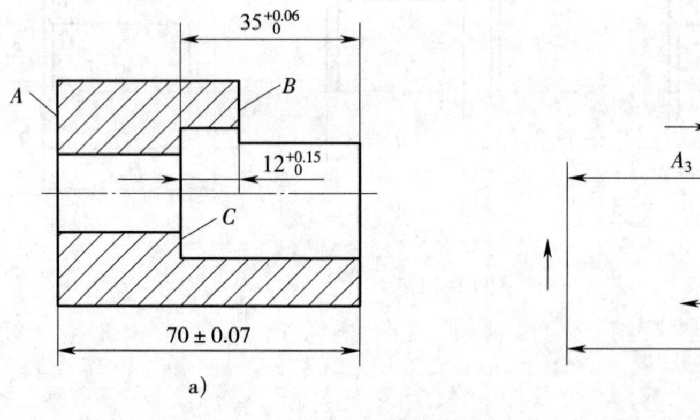


图 12–13

## 七、综合题

1．加工图 12-14 所示轴承套，其 $\phi 30_{0}^{+0.021}$ 内孔的加工方案为粗车→半精车→粗磨→精磨，试确定各工序余量、加工余量、各工序尺寸及其公差。

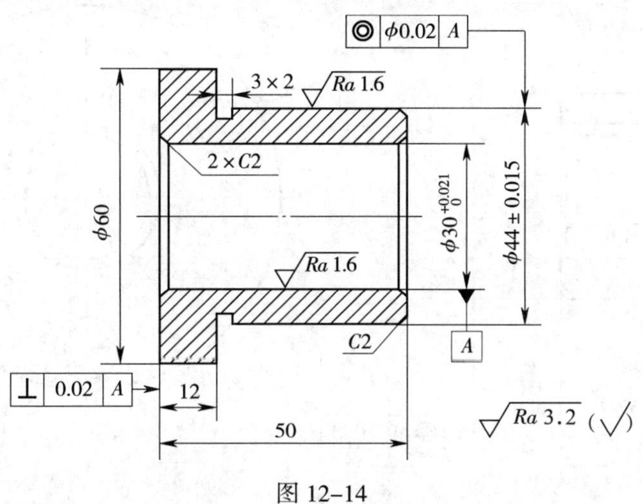


图 12-14

2．生产图 12–15 所示连接盘 200 件，试分析其加工工艺。

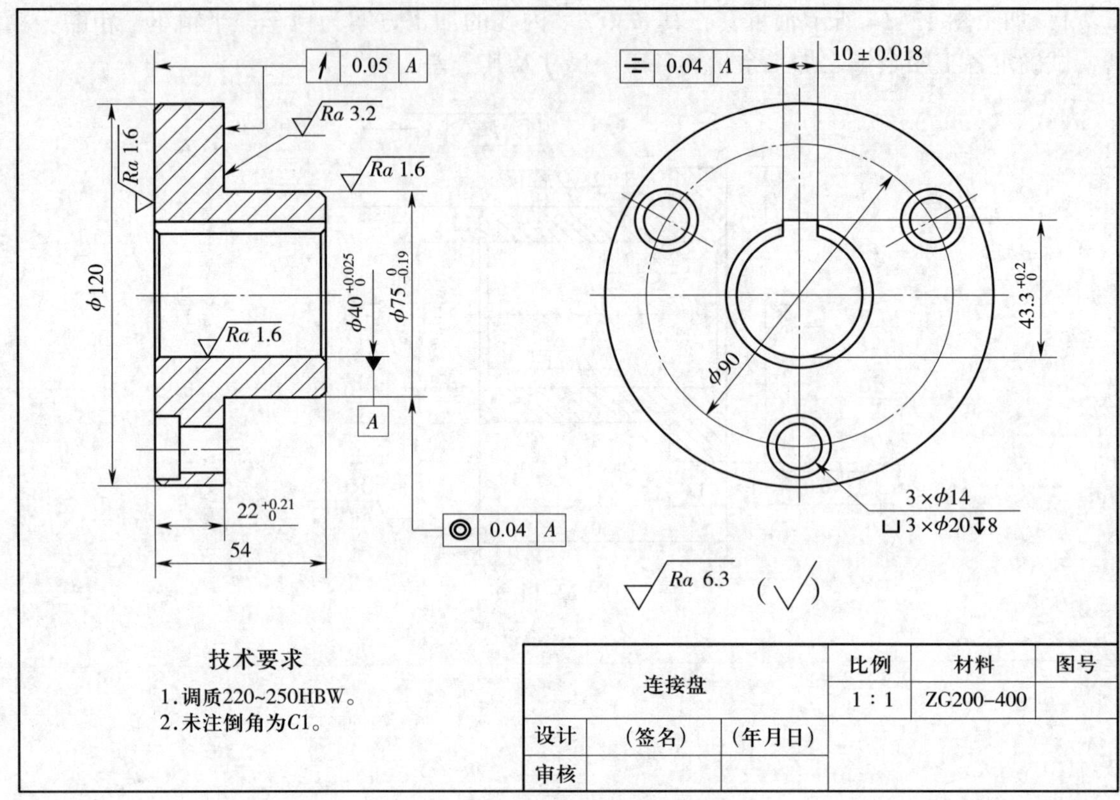


图 12–15

# 第十三章　典型零件的加工工艺

## §13–1　轴类零件的加工工艺

### 一、填空题（将正确答案填写在横线上）

1. 轴类零件主要用于______传动件和传递______，保证安装在轴上的零件的回转精度。

2. 轴类零件是旋转体零件，其长度大于直径，主要由内外圆柱面、内外圆锥面、________、________、键槽、横向孔、沟槽等组成。

3. 轴的加工精度主要包括结构要素的______精度、______精度和______精度。

4. 轴类零件主要表面粗糙度值是根据其________和________等级决定的。

5. 轴类零件常用的热处理工艺有______、______和______等。

6. 对于光轴和直径相差不大的台阶轴，一般采用________作为毛坯。直径相差较大的台阶轴和比较重要的轴，应采用________作为毛坯。

7. 轴是回转体，各外圆表面的粗加工、半精加工一般采用______，精加工采用______，有些精密轴类零件的轴颈表面还需要进行______加工。

8. 轴上的花键、键槽、螺纹等表面的加工，一般都安排在外圆______加工之后、______加工之前进行。

9. 在轴类零件的加工过程中，常用________作为定位基准。

10. 为改善金属组织和切削性能而进行的热处理称为________热处理，包括正火、退火、______和时效处理。

11. 通常，正火、退火安排在_________之后、___加工之前，时效处理安排在______加工、______加工之间，调质可安排在____加工、____加工之间。

12. 为了提高零件的硬度、强度等力学性能而进行的热处理称为______热处理，包括______、渗碳淬火和渗氮。

### 二、判断题（正确的，在括号内打“√”；错误的，在括号内打“×”）

1. 对于中等精度且转速较高的轴，可选用 Q235A。（　　）

2. 直径相差较大的台阶轴和比较重要的轴，大批量生产采用自由锻，单件、小批量生产采用模锻。（　　）

3. 粗加工轴类零件外圆表面时，应先加工小直径外圆，再加工大直径外圆。（　　）

4. 正火、退火安排在粗加工与精加工之间。（　　）

5. 轴上的键槽等表面的加工应在外圆精车之后、磨削之前进行。（　　）

## 三、选择题（将正确答案的序号填写在括号内）

1. 直径的精度由使用要求和配合性质确定，对于主要起支承作用的轴颈，通常为（　　）；特别重要的轴颈，可为（　　）。

A．IT12 ~ IT10　　B．IT9 ~ IT6　　C．IT5　　D．IT2

2. 支承轴颈的表面粗糙度值一般为（　　）μm，配合轴颈的表面粗糙度值一般为（　　）μm。

A．*Ra*0.8 ~ 0.2　　B．*Ra*0.1 ~ 0.04

C．*Ra*3.2 ~ 0.8　　D．*Ra*6.3 ~ 3.2

3. 对于中等精度且转速较高的轴，可选用（　　）材料。

A．Q235A　　B．45

C．40Cr　　D．GCr15

4. 对于高转速、重载荷条件下工作的轴，可选用（　　）材料。

A．Q235A　　B．20CrMnTi

C．40Cr　　D．GCr15

5. 轴上的螺纹一般有较高的精度要求，通常应安排在（　　）进行加工。

A．半精加工之后、淬火之前　　B．毛坯制造之后、粗加工之前

C．粗加工、半精加工之间　　D．粗加工、精加工之间

## 四、简答题

1. 预备热处理的目的是什么？主要包括哪些工序？

2. 最终热处理的目的是什么？主要包括哪些工序？

## 五、应用题

图 13–1 所示为齿轮轴，中批量生产，拟定其工艺过程，填入表 13–1 机械加工工艺过程卡中。

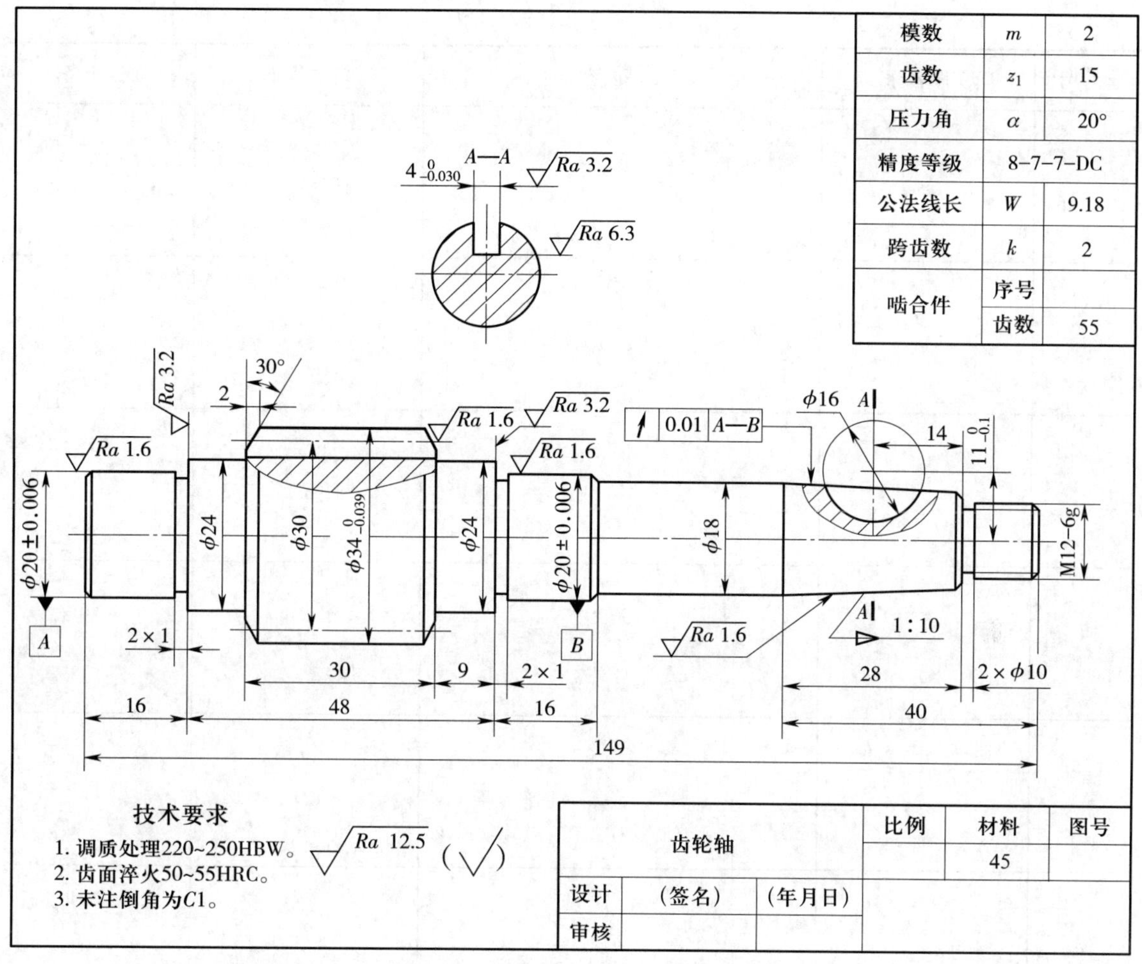


图 13-1

**表 13-1 齿轮轴机械加工工艺过程卡**

| 工序号 | 工序名称 | 工序内容 | 定位基准 | 加工设备 |
|---|---|---|---|---|
| | | | | |
| | | | | |
| | | | | |

续表

| 工序号 | 工序名称 | 工序内容 | 定位基准 | 加工设备 |
| --- | --- | --- | --- | --- |
| | | | | |
| | | | | |
| | | | | |
| | | | | |
| | | | | |
| | | | | |
| | | | | |
| | | | | |
| | | | | |
| | | | | |

## §13-2　套类零件的加工工艺

### 一、填空题（将正确答案填写在横线上）

1. 套类零件的外圆大都是______表面，常与箱体或机架上的孔采用过盈配合或过渡配合，其尺寸精度通常为________。

2. 液压缸内孔的表面粗糙度值一般为________μm，外圆的表面粗糙度值较小，通常取________μm。

3. 套类零件一般用钢、铸铁、青铜、黄铜等材料制成，材料的选择主要取决于_________。

4. 套类零件的毛坯类型与所用材料、________和________有关，常采用型材、锻件或铸件。

5. 套类零件的结构特点是_________，刚度低，内孔与外圆有较高的相互位置精度要求。

6. 为保证位置精度要求，加工套类零件时应遵循________原则和________原则，即在一次安装中完成内孔、外圆及端面的全部加工。

7. 当一次安装不能同时完成内孔、外圆加工时，内孔、外圆的加工采用__________、__________的原则。

8. 套类零件的主要加工方法是______和______。

9. 保证主要表面的相互位置精度和防止______，是加工套类零件的关键。

### 二、判断题（正确的，在括号内打"√"；错误的，在括号内打"×"）

1. 毛坯内孔直径小于 20 mm 时，大多选用铸件。（　　）

2. 孔径较大、长度较长的零件常用无缝钢管或带孔的铸、锻件。（　　）

3. 套类零件一般都存在壁较薄、径向刚度较差、容易变形等缺点。（　　）

### 三、选择题（将正确答案的序号填写在括号内）

1. 精密轴套的形状误差要求控制在孔径公差的（　　）。

A. 1/4～1/3　　B. 1/5～1/4

C. 1/2～1　　D. 1/3～1/2

2. 加工套类工件时的定位基准是（　　）。

A. 端面　　B. 外圆

C. 内孔　　D. 外圆或内孔

3.（多选题）套类工件的毛坯类型与（　　）有关。

A. 所用材料　　B. 结构形状

C. 尺寸大小　　D. 加工方法

## 四、简答题

防止套类工件变形的工艺措施有哪些？

## 五、应用题

图 13–2 所示为砂轮卡盘体零件图，材料为 HT200 铸件，毛坯尺寸 $\phi$96 mm × 55 mm。按单件生产拟定其工艺过程，填入表 13–2 机械加工工艺过程卡中。

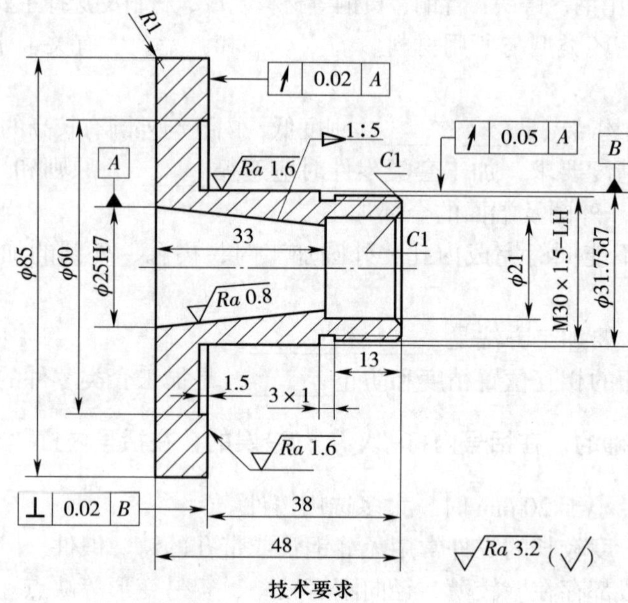


**技术要求**

1. 锥度1∶5内圆锥面用涂色法检验，接触面在全长上不少于60%。
2. 未注尺寸公差按GB/T 1804—m。

图 13–2

**表 13–2　砂轮卡盘体机械加工工艺过程卡**

| 工序号 | 工序名称 | 工序内容 | 定位基准 | 加工设备 |
|---|---|---|---|---|
| | | | | |
| | | | | |

续表

| 工序号 | 工序名称 | 工序内容 | 定位基准 | 加工设备 |
| --- | --- | --- | --- | --- |
| | | | | |
| | | | | |
| | | | | |
| | | | | |
| | | | | |
| | | | | |
| | | | | |
| | | | | |
| | | | | |
| | | | | |

## §13-3　箱体类零件的加工工艺

### 一、填空题（将正确答案填写在横线上）

1．箱体是各类机器的重要______件，它将机器中有关部件的轴、套、齿轮等相关零件连接成一个______，使这些零件保持正确的______位置，并按一定的______关系协调地工作。

2．箱体的结构形式虽然多种多样，但其主要特点仍有共同之处：______复杂，壁薄且不均匀，内部呈______，既有精度要求较高的________和平面，也有许多精度要求较低的紧固孔。

3．一般箱体主要平面的平面度为__________mm，表面粗糙度值为__________μm，各主要平面对装配基准面的垂直度为 0.1 mm/300 mm。

4．粗基准是为了保证各个加工面和孔的加工余量均匀，而精基准则是为了保证__________和尺寸的精度。

5．加工平面或孔系时，应贯彻先主后次原则，即先加工________或______。

6．为消除内应力，减少箱体在使用过程中的变形，保持精度稳定，铸造后一般均需进行______处理。

7．箱体上若干有相互位置精度要求的孔的组合，称为孔系。孔系可分为____孔系、______孔系和______孔系。

8．找正法是在通用机床（镗床、铣床）上利用______工具找正所要加工孔正确位置的加工方法。

9．箱体加工的关键是________加工。

### 二、判断题（正确的，在括号内打“√”；错误的，在括号内打“×”）

1．箱体的制造精度将直接影响机器的性能和使用寿命。　（　　）

2．为了减少毛坯制造时产生残余应力，应尽量使箱体壁厚均匀，并在浇注后安排时效处理或退火工序。　（　　）

3．实际生产中，常以箱体上的主要孔为粗基准，限制两个自由度，辅以内壁或其他毛坯孔为辅助基准，以达到完全定位的目的。　（　　）

4．在大多数工序中，箱体利用底面（或顶面）及两孔作定位基准加工其他平面和孔系，以避免由于基准转换而带来的累积误差。　（　　）

5．箱体上的装配基准一般为箱体孔。　（　　）

### 三、选择题（将正确答案的序号填写在括号内）

1．箱体的装配基准是（　　）。

A．主要平面　　B．主要孔　　C．内壁　　D．其他平面

2．箱体类零件的加工顺序是（　　）。

A．基准面先行　　B．平面先行

C．基准孔先行　　D．精度高的加工面先行

3．铸铁箱体毛坯上直径大于（　　）mm 的孔大都预先铸出，以减小孔的加工余量。

A．13　　B．18　　C．20　　D．30

4．箱体利用底面（或顶面）及两孔作定位基准时，限制了（　　）个自由度。

A．3　　B．4　　C．5　　D．6

5．为了避免基准不重合误差，箱体装配基准一般以（　　）作为定位基准。

A．孔的设计基准　　B．平面的设计基准

C．平面的测量基准　　D．孔的测量基准

## 四、简答题

1．箱体类零件的加工顺序安排原则有哪些？

2．平行孔系的加工方法有哪几种？

3．简述单件、小批量生产时，箱体类零件的基本工艺过程。

4．简述大批量生产时，箱体类零件的基本工艺过程。

# 第十四章　机械装配工艺

## §14-1　装配工艺概述

**一、填空题（将正确答案填写在横线上）**

1．将若干零件拼装成部件的过程称为______；将若干零件和部件拼装成产品的过程称为______，简称______。

2．一般情况下，装配单元可分为五级：零件、合件、______、______和产品。

3．产品制造的基本单元是______，也是组成产品的最小单元。

4．机械产品装配是产品制造过程中最后一个阶段，它包括准备、______、校正、______、配作、平衡、验收及试验等一系列工作。

5．机械装配中的连接一般有________连接和________连接。

6．常见的可拆卸连接有______连接、______连接、销钉连接等。

7．根据被连接工件的不同，螺纹连接有______连接、______连接、______连接。

8．键连接主要用于轴与轴上的旋转零件的______固定，并传递转矩。

9．销钉连接主要是用作______，也可用于实现轴与轴上零件之间的______和______固定。

10．销钉有圆柱销和圆锥销两种，圆柱销用于________的场合，圆锥销用于________的场合。

11．常见的不可拆卸连接有______、______、过盈连接等。

12．配作通常指的是______、______、配刮及配磨等，它们是装配中附加的一些钳工和机械加工工作。

13．平衡是一个消除不平衡的过程，有____平衡和____平衡两种方法。盘类零件一般采用____平衡法，轴类零件一般采用____平衡法。

14．机器或部件装配后的实际几何参数与________参数的符合程度称为装配精度。

15．装配精度一般包括零部件间的________精度、________精度、________精度、接触精度等。

16．相对运动精度是产品中有相对运动的零部件间在______方向和相对____上的精度。

17．接触精度常以接触______的大小及接触______的分布来衡量。

**二、判断题（正确的，在括号内打“√”；错误的，在括号内打“×”）**

1．机械产品的质量最终是由装配来保证的。　（　　）

2．如果装配工艺水平不高，即使采用高质量的零件，也会装出质量差甚至不合格的产品。　（　　）

3．零件精度是保证装配精度的基础，装配精度完全取决于零件精度。（　　）

**三、选择题（将正确答案的序号填写在括号内）**

1．车床的主轴箱属于（　　）。

A．零件　　B．合件

C．组件　　D．部件

2．机械产品制造过程中最后一个阶段是（　　）。

A．下料　　B．磨削

C．装配　　D．热处理

3．下列属于可拆卸连接的是（　　）。

A．螺栓连接　　B．过盈连接

C．焊接　　D．铆接

**四、名词解释**

1．装配

2．合件

3．组件

4．部件

**五、简答题**

1．装配工作主要包括哪些基本内容？

2．什么是装配精度？装配精度一般包括哪些内容？

## §14-2 装配尺寸链计算

**一、填空题（将正确答案填写在横线上）**

1. 装配尺寸链是产品或部件在装配过程中，由相关零件的____________或____________关系所组成的尺寸链。

2. 工艺尺寸链和装配尺寸链都是由______环和______环组成的，组成环同样分为______环和______环。

3. 工艺尺寸链和装配尺寸链同样都具有______性和______性。

4. 装配尺寸链中的______环则是由对装配精度有直接影响的相关零件的具体尺寸组成，一个零件只能有____个尺寸（组成环）列入装配尺寸链。

5. 按照各环的几何特征和所处的空间位置，装配尺寸链可分为______尺寸链、______尺寸链和______尺寸链，其中最常见的是______尺寸链和______尺寸链。

6. 直线尺寸链是由彼此______的直线尺寸所组成的尺寸链，它所涉及的都是______尺寸精度问题。

7. 角度尺寸链是由角度（含平行度与垂直度）尺寸所组成的尺寸链，其组成环的几何特征多为______或______。这种尺寸链的一个重要特点是组成环的公称尺寸都等于____。

8. 当运用装配尺寸链去分析和解决装配精度问题时，首先要正确地建立装配尺寸链，即正确地确定______环，并根据______环的要求查明各组成环。

9. 装配尺寸链的计算方法有______法和______法两种。

**二、判断题（正确的，在括号内打"√"；错误的，在括号内打"×"）**

1. 装配尺寸链的组成环就是装配时所要求保证的装配精度。（　）

2. 装配尺寸链的建立是在产品或部件装配图上进行的。（　）

3. 一般产品的装配精度指标就是增环。（　）

4. 装配尺寸链的组成应采用最长路线（环数最多）原则。（　）

5. 当同一装配结构在不同位置方向有装配精度要求时，应按不同方向分别建立装配尺寸链。（　）

**三、选择题（将正确答案的序号填写在括号内）**

1.（多选题）装配尺寸链都是由（　）组成的。

A. 增环　　B. 减环

C. 封闭环　　D. 铁环

2.（多选题）装配尺寸链具有（　）特性。

A. 封闭性　　B. 关联性

C. 唯一性　　D. 多样性

**四、简答题**

1．工艺尺寸链和装配尺寸链有哪些相同点和不同点？

2．简述装配尺寸链的建立方法和步骤。

3．在建立装配尺寸链时应注意哪些事项？

## §14–3　装配方案及其选择

**一、填空题（将正确答案填写在横线上）**

1．装配生产中保证产品精度的具体方法有许多种，归纳起来可分为______装配法、______装配法、______装配法和调整装配法四大类。

2．完全互换装配法的实质是靠控制零件的________来保证产品的装配精度。

3．由于一条装配尺寸链中有多个未知数，计算时需要选择一个容易加工的尺寸作为________。

4．组成环（除协调环外）公差带位置按______原则标注。对于内尺寸（孔），其尺寸偏差按____配置；对于外尺寸（轴），其尺寸偏差按____配置。

5．分组装配法是指装配前将互配的零件____分组，装配时按对应组进行装配达到精度的方法。

6．调整装配法适用于____环公差要求较严而______环又较多的装配尺寸链。

**二、判断题（正确的，在括号内打“√”；错误的，在括号内打“×”）**

1．采用完全互换法进行装配，可以使装配过程简单，生产效率高，易于组织流水作业及自动化装配。（　　）

2．确定协调环的原则是结构简单、非标准件、不能是几个尺寸链的公共环、方便加工和测量。（　　）

3．分组装配法又称分组互换法，顾名思义，零件能在本组内互换。（　　）

4．分组装配法虽然增加了测量、分组的工作量，但降低了零件的加工精度要求，降低了成本。（　　）

5．采用分组装配法时，只能放大尺寸公差，而几何公差和表面粗糙度值不能放大。（ ）

6．可动调整法在调整过程中需要拆卸零件。（ ）

7．可动调整装配法适用于对刚度要求较高、不需要经常调整间隙的机构。（ ）

8．固定调整装配法适用于对刚度要求较低、对配合要求较高且需要经常调整间隙的机构。（ ）

## 三、选择题（将正确答案的序号填写在括号内）

1．（ ）装配法多用于较高精度的少环尺寸链或低精度的多环尺寸链中，如汽车、自行车和轴承等。

A．完全互换　　B．分组　　C．修配　　D．调整

2．（ ）装配法适用于大批量生产的高精度少环尺寸链，多用于孔轴配合。

A．完全互换　　B．分组　　C．修配　　D．调整

3．（ ）装配法多用于单件、小批量生产以及装配精度要求高的场合。

A．完全互换　　B．分组　　C．修配　　D．调整

4．（ ）装配法适用于封闭环公差要求较严而组成环又较多的装配尺寸链，在汽车、拖拉机、自行车等产品中应用广泛。

A．完全互换　　B．分组　　C．修配　　D．调整

## 四、名词解释

1．完全互换装配法

2．分组装配法

3．修配装配法

4．调整装配法

## 五、简答题

1．简述完全互换装配法尺寸链的计算方法和步骤。

2．采用分组装配法应该注意哪些问题？

3．修配装配法有什么特点？其适用场合有哪些？

## §14-4　装配工艺规程的制定

**一、填空题（将正确答案填写在横线上）**

1．机械装配的生产类型按其装配生产批量可分为______生产，______生产及单件、小批量生产三种。

2．装配的组织形式一般可分为______式装配和______式装配两大类。

3．产品验收的技术条件主要规定了产品主要技术性能的______和______工作的内容及方法，是制定装配工艺规程的主要依据之一。

4．大批、大量生产的产品应尽量采用______的装配设备及工具，如机器人组成的流水自动装配线。单件、小批量和成批生产，多采用______装配方式。

5．制定装配工艺时，首先要仔细地研究产品的______及______技术条件。

6．产品装配工艺方案的制定与装配的______形式有关。

7．装配的组织形式主要取决于产品________和________。

8．装配单元的划分，就是从工艺角度出发，将产品分解成______装配的组件及各级分组件，这是装配工艺制定中极其重要的一项工作。

9．在确定产品和各级装配单元的装配顺序时，首先要选择装配______件。

10．绘制装配单元系统图时，先画出一条横线，在横线的____端画出代表基准件的长方格，在横线的____端画出代表产品的长方格。

**二、判断题（正确的，在括号内打“√”；错误的，在括号内打“×”）**

1．单件、小批量生产多采用固定式装配或固定式流水装配进行总装，同时对批量较大的部件亦可采用流水装配。（　　）

2．装配工作组织的好坏，对装配效率的高低和装配周期的长短均有较大的影响。（　　）

3．当产品的批量较大时，为提高装配效率，可将产品的装配分成部装和总装，分别由几组工人在不同的工作地点同时进行。（　　）

4．批量很大的定型产品可采用自动装配线进行装配。（　　）

5．部件是组成产品的最基本单元。（　　）

6. 装配单元的编号可以和装配图及零件明细表中的编号不一样。（　　）

7. 在单件、小批量生产时，通常不制定装配工艺卡，工人按装配图和装配工艺系统图进行装配。（　　）

8. 合理的装配顺序是在不断实践中逐步形成的。（　　）

## 三、选择题（将正确答案的序号填写在括号内）

1. 采用（　　）时，装配过程分得较细，每个工作地点重复完成固定的工序，广泛采用专用设备及工具，生产效率很高，多用于大批、大量生产。

A. 移动式装配　　B. 固定式装配

C. 自动装配线　　D. 以上三者皆可

2. 装配时不便移动的重型机械宜采用（　　）。

A. 移动式装配　　B. 固定式装配

C. 自动装配线　　D. 以上三者皆可

## 四、名词解释

1. 装配工艺规程

2. 固定式装配

3. 移动式装配

## 五、简答题

1. 制定装配工艺规程应遵循哪些原则?

2. 制定装配工艺规程所需的原始资料有哪些?

3. 装配工艺规程的内容有哪些?

4. 简述制定装配工艺规程的步骤。